科技惠农一号工程

现 代 农 业 关 键 创 新 技 术 丛 书

肉牛生态养殖

宋恩亮　孔　雷　主编

山东科学技术出版社

主　编　宋恩亮　孔　雷
副主编　刘晓牧　刘桂芬
编　者（以姓氏笔画为序）
万发春　马洪英　王俊燕　尹旭升
成海建　苏文政　李　强　宋　磊
张　涛　柴士名　郭春叶　游　伟
谭秀文

目 录

一、概述 …… 1
1. 肉牛体形外貌特点 …… 1
2. 肉牛的消化生理结构 …… 1
3. 肉牛的生长发育特点 …… 5
4. 牛肉的营养价值 …… 6
5. 肉牛营养需要 …… 7

二、肉牛品种 …… 13

三、肉牛繁殖技术 …… 15
1. 利用肉牛杂交优势 …… 15
2. 母牛发情期和适宜输精时间 …… 16
3. 提高母牛繁殖率的措施 …… 19
4. 避免杂交母牛的初情期延迟或屡配不孕 …… 22
5. 预防母牛流产 …… 23
6. 微量元素对母牛繁殖率的影响 …… 24
7. 肉牛人工授精 …… 25

四、肉牛的营养需要和饲料配制 …… 28
1. 肉牛的微量元素需要 …… 28
2. 肉牛对镁元素的需要量 …… 29
3. 肉牛日粮中添加钾元素 …… 30
4. 肉牛预混料中添加硒元素 …… 31
5. 调制肉牛精饲料 …… 32
6. 调制精料补充料 …… 33
7. 蛋白质补充料 …… 35
8. 使用舔砖 …… 36
9. 肉牛饲养不宜使用猪浓缩料 …… 37
10. 尿素的使用 …… 38
11. 使用白酒糟育肥肉牛 …… 40
12. 全混合日粮(TMR) …… 41
13. 糟渣类饲料的特点 …… 42
14. 制作青贮饲料 …… 43
15. 制作氨化饲料 …… 44
16. 制作微贮粗饲料 …… 45

五、肉牛饲喂 …… 47
1. 肉牛的饲养管理原则 …… 47
2. 肉牛饲喂的方法 …… 49
3. 哺乳期母牛的饲喂 …… 50
4. 产后母牛的饲喂 …… 51
5. 哺乳犊牛的饲喂 …… 52

6. 初生犊牛的饲喂 …………………………… 53
7. 提高肉牛的采食量 ………………………… 54

六、肉牛育肥 ……………………………………… 56
1. 提高肉牛育肥效果 ………………………… 56
2. 肉牛育肥麸皮的使用 ……………………… 57
3. 调理育肥牛的瘤胃乳头发育 ……………… 57
4. 肉牛育肥要求的水质 ……………………… 58
5. 犊牛育肥应注意的问题 …………………… 58
6. 肉牛持续育肥 ……………………………… 59
7. 肉牛育肥使用的添加剂 …………………… 60
8. 新进架子牛的调理 ………………………… 62
9. 架子牛育肥的技术要求 …………………… 65
10. 架子牛强度育肥制度 ……………………… 67

七、后备牛饲养管理 ……………………………… 68
1. 饲喂种公牛 ………………………………… 68
2. 后备牛培育的目的和原则 ………………… 69
3. 肉牛主要的经济性状 ……………………… 71
4. 肉牛个体性能测定的方法 ………………… 72
5. 肉牛日常养殖 ……………………………… 73
6. 种牛修蹄 …………………………………… 74
7. 犊牛饲养管理 ……………………………… 75
8. 青年牛饲养管理 …………………………… 78

八、肉牛场建设 …… 80
1. 肉牛场选址 …… 80
2. 肉牛场布局 …… 81
3. 牛舍建造原则 …… 83
4. 肉牛场附属设施 …… 84
5. 牛舍和运动场建设 …… 85

九、肉牛疾病防治 …… 88
1. 肉牛场防疫原则 …… 88
2. 肉牛场防疫注意事项 …… 91
3. 做好肉牛场的消毒工作 …… 93
4. 牛场常用的消毒剂 …… 95
5. 肉牛常用疫苗 …… 97
6. 牛病的诊断方法 …… 99
7. 肉牛传染病的分类 …… 100
8. 牛病传播途径 …… 100
9. 结核病和布氏杆菌病的筛查 …… 101
10. 肉牛用药限制 …… 105
11. 肉牛常用药物的配伍禁忌 …… 107
12. 预防牛流行热 …… 109
13. 防治肉牛支原体肺炎 …… 110
14. 防治肉牛流行性感冒 …… 111
15. 治疗肉牛皮肤病 …… 112
16. 驱除肉牛寄生虫的有效药物 …… 115

17. 防治犊牛腹泻 …………………………………… 116
18. 预防肉牛瘤胃积食 ……………………………… 117
19. 治疗肉牛瘤胃胀气 ……………………………… 117
20. 防治牛产后综合征 ……………………………… 118
21. 治疗母牛子宫内膜炎 …………………………… 124
22. 处理母牛产后胎衣不下 ………………………… 125
23. 处理母牛阴道脱垂 ……………………………… 127

十、牛粪加工利用技术 ………………………………… 129
1. 利用牛粪加工有机肥 …………………………… 129
2. 利用牛粪生产沼气的条件 ……………………… 130
3. 牛粪的利用 ……………………………………… 131
4. 牛场粪尿的无害化处理 ………………………… 134
5. 利用牛粪养殖蚯蚓 ……………………………… 136
6. 利用牛粪栽培双孢菇 …………………………… 139

一、概　述

1. 肉牛体形外貌特点

肉牛体躯低垂，四肢较短，颈短而宽，鬐甲平广宽厚，背腰平宽，胸尻深厚，腹部紧凑，尻部宽平，股部深。皮薄骨细，全身肌肉丰满，前望、侧望、上望和后望均呈长方体。

优良肉牛鬐甲宽厚多肉，与背腰在一条直线上。前胸丰满，突出于两前肢之间。垂肉细软而不发达。肋稍直立而弯曲度大，肋间距较宽。两肩与胸部结合良好，无凹陷痕迹，显得多肉。背腰宽广、平直、多肉。腰短肋小。中躯呈粗短圆筒形，不可突出或下垂。尻部宽、平、长、直而富于肌肉，大腿宽、深厚。腰间丰圆，坐骨端距离宽，厚实多肉。

2. 肉牛的消化生理结构

(1)瘤胃消化生理特点：牛的瘤胃体积大，约占整个胃容积的80%，可以有节律的运动，具有大量的纤毛虫和细菌。

纯种利木赞牛(公牛)

纯种夏洛莱牛(公牛)

①瘤胃不分泌胃液,可吸收某些营养物质。由于瘤胃的黏膜没有胃腺,因此不能分泌胃液。瘤胃能通过胃壁吸收葡萄糖、低级脂肪酸、氨、无机盐类及大量水分,借以维持瘤胃内容物成分的相对稳定。

②瘤胃可以分解利用纤维素。饲料中的纤维素主

要是通过瘤胃内细菌和纤毛虫逐级分解，最终产生挥发性脂肪酸，作为机体能量加以利用。因此，牛能够利用纤维素作为机体能量。

③瘤胃能够同时利用饲料中蛋白质和非蛋白质性氮。牛可以利用尿素等非蛋白质性含氮物代替蛋白质饲料，但应注意给量，以免牛采食过量的非蛋白质性氮，瘤胃内氨浓度过高，血氨浓度升高，导致中毒。

饲料中的蛋白质在进入瘤胃后，大部分被瘤胃内微生物分解，只有少部分进入到皱胃和小肠直接吸收。因此，在生产中为提高日粮蛋白质利用效率，对一些蛋白质可溶性很高的饲料用甲醛处理(按100克蛋白质加入2克甲醛)，可降低蛋白质可溶性，形成过瘤胃蛋白质，进入到皱胃、小肠。

④瘤胃内微生物可以合成维生素。瘤胃微生物能够合成硫胺素、核黄素、生物素、吡哆醇、泛酸、维生素B_{12}类和维生素K等，因此，一般对牛的B族维生素营养需求不必多考虑。

(2)网胃、瓣胃、皱胃的消化生理特点：

①网胃的消化生理特点。将进入网胃的食物与水搅拌，待网胃收缩时，一部分内容物被推至瘤胃前庭，一部分进入瓣胃进一步消化。

②瓣胃消化生理特点。接受来自网胃的流体食糜，这类食糜含有较多的微生物和充分细碎的饲料及微生

物发酵副产物。当食糜通过瓣胃叶片之间时,一部分水分被瓣胃上皮吸收,另一部分当被瓣胃叶片挤压出来时流入皱胃,使食糜变干,变得更细。

③皱胃的消化生理特点。皱胃又称真胃,结构和功能同单胃家畜的单胃类似,是牛胃有腺部分,能够分泌胃液。胃液为水样透明流体,含有盐酸、胃蛋白酶和凝乳酶,呈高度酸性,能不断破坏来自瘤胃的微生物。蛋白酶分解微生物、蛋白质和未被瘤胃微生物分解的饲料蛋白质,产生氨基酸被机体利用。

(3)犊牛的消化生理特点:初生犊牛的瘤胃、网胃、瓣胃功能还没建立起来,主要消化依靠皱胃和小肠。4月龄犊牛的瘤胃就已建立起了较为完善的微生物区系,担负起消化功能。为了促进犊牛的瘤胃、网胃、瓣胃的发育,宜早期补饲干草和精料。

犊牛的消化特点还有食管沟的作用,即犊牛在吸吮乳汁或饮料时,能反射性引起食管沟的唇状肌肉卷缩,闭合成管状,使乳汁不在瘤胃和网胃停留,而由食管经食管沟和瓣胃管直接进入皱胃消化吸收。犊牛在用桶进行人工哺乳时,由于缺乏吸吮刺激,食管沟闭合不完全,往往有少部分乳汁进入瘤胃和网胃,致使乳汁在这些部位长期停留而发酵,引起犊牛腹泻。因此,在对犊牛进行人工哺乳时,尤其是最初阶段,一定在桶上加一个奶嘴或用啤酒瓶子套

奶嘴,并将桶置于一定高处,以便于犊牛吸吮,引起食管沟反射,使食管沟闭合成管状。

3. 肉牛的生长发育特点

肉牛在生长期间,身体各部位、各组织的生长速度是不同的,每个时期都有生长重点。早期的生长重点是头、四肢和骨骼;中期则转为体长和肌肉;后期即成年,重点是体重和脂肪。牛在幼龄时四肢骨骼生长较快,以后则躯干骨骼生长较快。随着年龄的增长,牛的肌肉生长速度从快到慢,脂肪组织的生长速度由慢到快,骨骼的生长速度则较平稳(图1)。

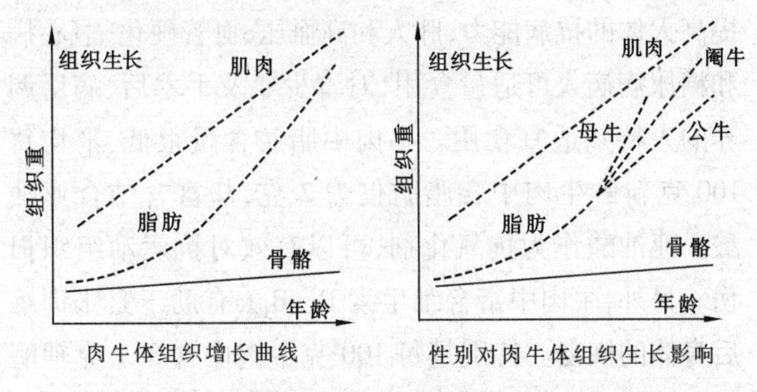

图1　肉牛体组织增长曲线

肉牛肌肉与脂肪比例的变化:胴体中肌肉生长主要由于肌肉纤维体积的增大,使肌纤维束相应增大。随着年龄增长,肉质的纹理变粗,因此,青年牛的肉质比老年牛嫩。脂肪的沉积,从初生到1岁期间较慢,仅稍快于骨骼,以后加快。肥育初期网油和板油增加较快,以后皮下脂肪很快增加，最后才加速肌纤维间的脂肪沉积。肌肉在胴体中的比例，先是增加而后下降，脂肪的比例持续增加，骨的比例持续下降。肌肉和脂肪组织的生长性能决定屠宰率，在正常饲养条件下，体重大，肌肉和脂肪得到充分生长，屠宰率就高。肥瘦能直接影响屠宰率，当体重相同时，肥度较好的牛屠宰率高。肉牛肌肉重占体重的百分数，是产肉量的重要指标。

4. 牛肉的营养价值

牛肉中富含蛋白质，平均每 100 克新鲜牛肉中含蛋白质 20 克，氨基酸组成比猪肉更加接近人体需要，能够提高人体的抗病能力，胖人和高血压、血管硬化、冠心病和糖尿病病人可适量食用，对青少年及手术后、病后调养的人特别适宜食用。牛肉中脂肪含量很低，平均每 100 克新鲜牛肉中含脂肪仅为 2 克，却富含结合亚油酸。亚油酸作为抗氧化剂，可以有效对抗运动组织损伤。另外，牛肉中富含维生素 B_6、B_{12}，有助于紧张训练后身体的恢复。特别是每 100 克牛肉中含 3.1 克辅酶 Q，辅酶 Q 又被称为维他命 Q，是细胞能源，对机体代谢病和免疫力低下有显著的作用，每天摄食100 ~200克牛肉足以满足人体的需要。牛肉中富含丙氨酸、肌氨酸和肉毒碱，这是鸡肉和鱼肉不可比拟的。

高档牛肉生产受到诸多因素的影响，如育肥牛的性别、年龄、品种、育肥时间、饲料质量、管理方法等。大部

分公牛在生产高档牛肉前需进行阉割,因为阉牛的脂肪沉积明显增加。

(1)去势(阉割)公牛屠宰成绩:去势(阉割)公牛的屠宰率、净肉率、胴体体表脂肪覆盖率均比公牛好。

(2)牛肉大理石花纹等级:公牛去势(阉割)育肥饲养和公牛不去势育肥饲养,肌肉呈现大理石花纹的能力(即育肥期体内脂肪沉积的能力)差别极大,用6级制(1级最好)标准比较,阉公牛1、2级占84%~88%,无5、6级。公牛无1级,2级占10%左右,而4、5级占的比例较大。

(3)脂肪量:去势(阉割)公牛肉间脂肪量(32~46千克)、肾脂肪量(17~18千克)及心包脂肪量(2~3千克)都远远大于公牛,在育肥饲养过程中沉积脂肪的能力强。

另外,去势(阉割)公牛牛肉的嫩度比公牛好。

5. 肉牛营养需要

(1) 能量的需要:能量是肉牛维持生命活动及生长、繁殖等所必需的。牛需要的能量来自饲料中的碳水化合物、脂肪和蛋白质,但主要是碳水化合物。碳水化合物包括粗纤维、脂肪和无氮浸出物,在牛瘤胃中被微生物分解为挥发性脂肪酸、二氧化碳、甲烷等,挥发性脂肪酸被瘤胃壁吸收,成为能量的主要来源。

从营养价值高的谷物到营养价值低的秸秆都是牛

的常用饲料。各种饲料对于牛的能量价值是不一样的，不仅能量的消化率相差很大，而且从消化能或代谢能转化为净能的过程中，能量的损耗差异也较大，代谢能转化为增重净能和维持净能的效率也不一样。若用消化能或代谢能评定饲料，计算繁琐，所以目前多采用净能体系。

综合净能值也称净能体系，即综合净能 = 维持净能 + 增重净能，用肉牛能量单位(RND)来表示。我国许多地方都用玉米作为能量饲料，1 千克中等玉米的综合净能值是 8.80 兆焦，作为 1 个肉牛能量单位(RND)，即 RND =1 千克饲料的综合净能值为 8.80 兆焦。

(2)蛋白质的需要：饲料蛋白质进入瘤胃后，在微生物的作用下，一部分蛋白质降解为氨基酸和氨(这些被降解的终产物，又被微生物合成为微生物蛋白质)，称为降解蛋白质，降解程度称为降解率；没有降解的部分称非降解蛋白质，从瘤胃进入真胃、皱胃、小肠，被消化吸收利用。所以，进入真胃、小肠的蛋白质，包括微生物蛋白质和饲料中的非降解蛋白质。

(3)矿物质的需要：

①钙和磷的需要量：钙磷占家畜体内全部矿物质的 65% ~70%，大部存在于骨骼和牙齿中，肌肉、腺体、神经含磷较多。肉牛缺乏钙、磷的早期症状为食欲减退，增重速度变慢，产奶量下降，饲料利用效率降低。长期

缺钙,由于骨组织中的钙动用过多,引起骨质变化、跛行、关节僵直,往往发生骨折。犊牛缺钙会造成佝偻病,成年牛则造成骨软症。

日粮中钙、磷在2∶1～2∶2时吸收率最高,钙的吸收与维生素D有关,维生素D缺乏会影响钙的吸收。维生素D与磷的吸收无关。

哺乳犊牛对牛奶中钙的吸收率高达95%,且牛奶中的钙、磷比例合适,因此,在吃够奶的情况下,无需另外补充。生长青年牛对钙、磷的利用率随日粮种类有很大变化,平均为70%。肉用牛钙的最低需要量为日粮干物质的0.3%,磷为0.25%。

②钠和氯的需要量:食盐是胃液中的组成成分,对维持体液的渗透压亦很重要。肉牛缺盐时食欲下降,目光无神,被毛粗乱,体质瘦弱,并有舔食有咸味异物的现象。肉牛食盐的喂量应为日粮干物质量的0.25%,可混合于饲料中喂给。

③钾和硫的需要量:钾有助于肌肉的活动。粗饲料中含有充足的钾,一般无需补充。硫为含硫氨基酸的组成部分,瘤胃微生物能利用无机硫将非蛋白质含氮化合物合成含硫氨基酸,因此,只有在日粮中增添非蛋白质含氮化合物时才需补充硫。

④镁的需要量:成年牛体内镁含量约占体重的0.5%。长期饲喂缺镁日粮的幼牛,早春在禾本科草场放

牧的牛往往会发生缺镁症，表现为食欲差、敏感、惊厥、倒地、唾液增多、口吐泡沫等症状。给以哺乳母牛每千克体重12~16毫克镁，足以维持血液的正常水平，母牛的镁维持需要量为2~2.5克。犊牛对镁的需要量约占日粮的0.07%。

⑤微量元素：微量元素对于牛生长发育、饲料转化与代谢、生产性能高低、疾病防治以及发情与繁殖等，均有直接或间接的关系。由于肉牛微量元素的需要量很少，在饲喂多种青粗饲草和配合饲料的情况下，不必考虑补充微量元素。如果所喂饲料单一，则应补充。有些缺碘、硒或钴的地区，则必须在日粮中添加相应的微量元素。注意不宜喂给过量，特别是钼、硒、氟，超量时易引起中毒（表1）。

表1　矿物质需要量及最大耐受量（干物质基础）

（单位：毫克/千克）

矿物质	推荐量	需要量	最大耐受量
钙（%）	—	—	2
钴	0.1	0.07~0.11	5
铜	8	4~10	115
碘	0.5	0.2~2	50
铁	50	50~100	1 000
镁（%）	0.1	0.05~0.25	0.4

（续表）

矿物质	推荐量	需要量	最大耐受量
锰	40	20～50	1 000
磷(%)	—	—	1.0
硒	0.2	0.05～0.3	2
钠(%)	0.8	0.06～0.1	10
硫(%)	0.1	0.08～0.15	0.4
锌	30	20～40	500
钼	—	—	6
钾(%)	0.65	0.5～0.7	3

(4)维生素的需要:优质饲草中维生素A、D、E含量丰富,能满足牛的需要,维生素B族和维生素K能由瘤胃微生物合成,维生素C可由体组织合成。因此,在正常饲养的情况下,不必考虑给牛补充维生素。如长期饲喂以秸秆为主的粗饲料日粮时,注意补充维生素A、D、E。

①维生素A的需要量:1千克饲料干物质,生长育肥牛为2 200国际单位,相当于β-胡萝卜素5.5毫克(1毫克β-胡萝卜素相当于400国际单位)。妊娠母牛为2 800国际单位,相当于β-胡萝卜素7毫克。泌乳母牛为3 900国际单位,相当于β-胡萝卜素9.75国际单位。

②维生素D的需要量:1千克饲料干物质275国际单位,1国际单位维生素D相当于0.025微克的胆钙固醇(维生素D_3)。

③维生素E的需要量:1千克饲料干物质15~16国际单位。成年肉牛的正常日粮含有足够的维生素E。

(5)水:犊牛体内含水量约为70%,成年牛体内含水量在50%以上,血液中含水量达80%,肌肉含水量为72%~78%,骨骼含水量达45%。体内营养物质的消化吸收和运输、血液循环、维持细胞内外渗透压的平衡、能量和蛋白质的代谢、内分泌机能的实现和体温的调节等,均离不开水。肉牛机体脱水5%,就会引起食欲减退、生产力降低;脱水10%就会发生严重的代谢紊乱;脱水20%就会死亡。每日给牛清洁饮水,自由饮用,夏季饮水量增加,冬季饮水量减少,在严冬尽量给牛饮温水。

二、肉牛品种

根据产地不同，我国肉牛大致划分为北方牛、中原牛和南方牛三大类型，北方牛包括蒙古牛、哈萨克牛、延边牛，中原牛包括秦川牛、南阳牛、鲁西牛、晋南牛等，南方牛包括南方各省的黄牛品种（如湘西黄牛等）。中国黄牛素以肉味浓香、适口性强著称，包含着进一步改进现代良种所需要的基因资源，价值不可低估。

三大黄牛群体各具特征，北方牛身体矮小、单薄，骨骼轻细，肌肉不充实。皮厚毛长，多为黄褐、红褐色，黑色次之，也有少数黄白花和黑白花。头大而方，眼大而略突，角细长，质细致，颈薄长，垂皮小，鬐甲低；胸深而窄，背腰平直，尻狭而斜，肢短而粗，体高一般在100～130厘米。中原牛体格高大，骨骼粗壮，头小颈粗，垂皮发达，肌肉丰满，肋圆胸宽，毛色以红褐与黄褐居多，是我国黄牛中品质最好的类群。南方牛体躯矮小而短，肌肉丰满而体形浑圆，骨细、皮薄、毛稀，垂皮发达，鬐甲

隆起。

我国地方良种黄牛具有耐粗饲、抗病力强、性情温顺、适应性好、遗传性稳定、肉质好等优良特性，肉役或役肉兼用。与国外肉牛相比，中国黄牛也存在生长速度慢、后躯发育不良、母牛泌乳量少等缺点，直接影响了肉用生产性能。

中国黄牛均属于中等体形的晚熟品种，6 月龄以内的哺乳犊牛生长发育较快，6 月龄至 4 岁生长发育减慢，日增重明显降低。中国黄牛产肉性能良好，平均净肉率高，在良好饲养条件下，日增重能达到 800 克以上。高度育肥后，屠宰率 60% 以上。中国黄牛肉质细腻，脂肪分布好，滋味鲜美，肌肉纤维细致，肉味浓而不腥膻；肉骨比高，胴体脂肪比例低、肌肉比例高，眼肌面积大，可用来生产高档牛肉。

三、肉牛繁殖技术

1. 利用肉牛杂交优势

杂种优势是指两个性状不同的亲本杂交产生的杂种 F_1,在生长势、生活力、繁殖力、适应性及产量、品质等性状方面超过双亲的现象。现代肉牛业已把广泛利用杂种优势以获得最大产出率作为主要发展目标之一。

(1)二元杂交:也叫单杂交,指两个品种(品系)间杂交的 F_1 代全部用作商品生产的杂交方式,目的是获得经济一致的杂种群,故又称为经济杂交。优点:简单易行,测定配合力容易,只保持两个纯系,成本较低。缺点:杂交后代不作种用,F_1 代繁殖性能上的优势没有机会表现和利用。

(2)三元杂交:用一个品系(种)的公畜与另两个(种)的杂交母畜交配进行商品生产的杂交方式。优点:杂种优势明显。缺点:维持 3 个纯系成本较高,杂种公畜的繁殖优势无机会表现和利用。

(3)双杂交(四元杂交):优点是杂种优势显著,同时利用了杂种公、母畜的杂种优势;制种和商品生产同时进行(即二杂后代不作种用者,进行商品生产也可获得较好的效益)。缺点是维持4个纯繁品系(种),且需测定两两间的配合力,成本高。

(4)两元或三元或更多轮回杂交:优点是除了第一次杂交外,母畜都是杂种,利用了繁殖性能的杂种优势;对于单胎家畜,需要较多母畜,可以利用杂种母畜;每代只需引入少量纯种公畜或利用配种站的种公畜,不需要维持几个纯繁群,便于组织;每代交配双方都有较大差异,始终能产生一定的杂种优势。缺点是要代代交换公畜,即使发现杂交效果较好的公畜,也不能继续使用;配合力测定较难,特别是第一轮回杂交。

(5)顶交:用近交系公畜与无亲缘关系的非近交母畜交配。由于近交系母畜生活力和繁殖力都差,不适宜作母本,所以改用非近交系母畜。

(6)底交:用无亲缘关系的非近交系公畜与近交系母畜交配。

2. 母牛发情期和适宜输精时间

育成母牛的初情期为6~10月龄,平均8月龄,表明母牛具有繁殖的可能性,但不一定有繁殖能力。育成母牛的性成熟期是指生殖生理机能成熟,一般为8~12月龄,平均10月龄,表明母牛具有繁殖能力,但不一定

可以配种。育成母牛的体成熟期是指机体各部分的发育已经成熟，一般为16～20月龄，平均18月龄，表明母牛能够配种。育成母牛的初情期、性成熟期、体成熟期受品种、饲养管理条件、营养状况、环境气温等因素的影响。

母牛的发情期较短，外部表现也较明显，因此，在生产中对母牛的发情鉴定主要靠外部观察，结合试情和阴道检查法。目前，也有操作熟练的技术人员采用直肠检查法，触摸卵巢变化及卵泡发育程度来确定配种时机。

（1）外部观察法：主要观察母牛爬跨或接受爬跨的状况，阴道和外阴部的肿胀程度及其黏液的状况等。

①发情初期：母牛食欲减退，兴奋不安，四处张望、走动，时常发出叫声。当有试情公牛在场时，发情母牛往往被追随或爬跨，而不愿接受爬跨，逃避但又不远离。在牛舍内多为站立不卧，主动接近人。外阴部稍肿胀，阴道黏膜潮红、肿胀，子宫颈口微开，有大量透明黏液排出。

②发情盛期：母牛食欲明显减退，甚至拒食，更为兴奋不安，常常大声哞叫，四处走动。经常爬跨其他母牛，同时也愿意接受试情公牛或其他母牛的爬跨而站立不动。外阴部肿胀明显，阴道更潮红肿胀，子宫颈潮红肿胀明亮、开口较大。由阴道流出透明黏液，以手拍压牛背，表现凹腰和高举尾根。若手握牛尾上段，向上抬举

不觉费力。

③发情末期:母牛兴奋性减弱,哞叫声减少。虽仍有公牛跟逐,躲避又不远离。外阴部、阴道及子宫颈的肿胀稍减退,排出的黏液由透明变为混浊乳白色,牵拉如丝状。

发情末期过后转入发情后期,母牛兴奋性明显减弱,稍有食欲。试情公牛基本不再尾随和爬跨母牛,母牛也避而远之。外阴部和阴道肿胀消退明显,黏液量少而黏稠,由乳白色渐变为浅黄红色,有的混有血液。此后,逐渐进入休情期。

(2)直肠检查法:母牛的发情期短,卵泡发育成熟快,一般在发情期配种两次即可。采用直肠检查方法可具体判明卵泡发育程度及排卵时间,掌握好的一次输精配种即可,可防止漏配或误配减少输精次数,提高受胎率。对于表现发情异常的母牛等,通过直肠检查来判断排卵时间是必要的。

母牛在休情期卵巢存有较硬的或大或小黄体。在发情期,卵巢上只有发育的卵泡,由小到大,由硬变软,由无弹性到有弹性,逐渐呈半球状突出卵巢表面。第1期:卵泡出现期。卵巢稍增大,卵泡直径为0.50~0.75厘米,触诊时为软化点,波动不明显。此期母牛一般均已开始发情,卵泡出现期约为10小时。第2期:卵泡发育期。卵巢明显增大,卵泡增大至1.0~1.5厘米,呈小

球形突出卵巢表面，波动明显。此期为10～12小时。此期的后半期，母牛的发情表现已经减弱，甚至消失。第3期：卵泡成熟期。卵泡不再增大，泡壁变薄，有一触即破之感。此期为6～8小时。第4期：卵泡排卵期。卵泡破裂排卵，卵泡液流失，卵泡壁变为松软，成为一个小凹陷。排卵多发生在性欲消失后的10～15小时。据检测，排卵多发生在夜间。黄体形成期，一般排卵后6～8小时开始形成黄体，原来卵泡破裂出现的小凹陷已摸不到，由新形成的柔软黄体所充实，直径为0.7～0.8厘米。待黄体完全发育成熟达到2.0～2.5厘米，进入休情期。

(3)母牛适宜的输精时间：母牛排卵一般在发情结束后的10～15小时。适宜输精时间在排卵前6～8小时到排卵后24小时。用冻精输精，输精时期一般在发情结束后较接近于排卵时间，此时发情外表特征多已消失，公牛也不尾随，母牛拒绝爬跨。在一个情期内输精两次，可提高母牛的受胎率。

3.提高母牛繁殖率的措施

(1)充分利用当地饲料资源，合理配制母牛日粮。营养是影响母牛繁殖力的重要因素，营养不良时，母牛胎衣不下、难产等产科疾病的发病率增高，泌乳能力下降，犊牛成活率降低。因次，要依据母牛不同的生长时期，配制合理日粮。

(2)保证饲料质量与安全。某些饲料本身存在对生殖有毒性作用的物质,如部分植物中存在植物雌激素,可引起母牛卵泡囊肿、持续发情和流产等;发酵霉变的饲草料往往造成母牛流产。因此,在饲养中应尽量避免使用这类饲料和牧草。

(3)加强牛舍环境控制,尽可能避免高温、高湿或严寒。高温、高湿对牛繁殖的危害要大大高于寒冷,在炎热夏季重点是加强防暑降温,采取遮阴、水浴等办法降温。

(4)提高母牛的受配率、受胎率和犊牛成活率。

①提高母牛受配率。确定合理的初配年龄,维持正常初情期。育成牛配种过早,会影响母牛自身及胎儿发育,易出现难产及泌乳性能降低等现象,并影响以后配种及终生生产力。配种过晚,则会增加培育成本,降低产犊效率。长期发情不配,易导致生殖激素紊乱、怀孕困难。缩短产犊间隔不仅可以提高繁殖力,还可提高产奶量。在母牛分娩后加强饲养管理,促进子宫复原和卵巢生殖机能恢复,在配种后进行早期妊娠诊断,及时诱导空怀母牛发情配种等。母牛哺乳时间过长(6 个月以上),往往会影响正常发情。断奶时间过长不仅影响犊牛的生长发育,而且会延长母牛发情时间。不发情的带犊母牛断奶后,多数可在 10 天内发情。

②提高受胎率。母牛营养不足对繁殖力影响较大,

不仅延误青年牛的初情期和初配适龄,受胎率也会降低。孕牛如果营养不足,不仅本身生长发育慢,犊牛初生重也小,生长慢,成活率低。在母牛抓膘的同时应注意营养物质的平衡,特别是蛋白质、维生素、矿物质等。提高母牛的受胎率,种公牛的精液品质是关键因素。严格按照操作规程解冻精液后,精子活力必须达到0.3以上才能输精。在生产中,如发现母牛早晨接受爬跨,则傍晚输精1次,第2天早上再输1次。中午或午前发现爬跨,则第2天早上输精1次,下午再配1次。进行直肠检查,根据母牛生殖道状况和卵泡发育状况决定是否输精,一般是2期酌配、3期必配,即卵泡明显增大、泡壁薄、波动明显时输精最佳。

③降低胚胎死亡率。胚胎死亡的发生率,与母牛的品种、年龄、饲养管理和环境条件等因素有关。在正常配种或人工授精条件下,受胎率降低主要是由于胚胎在早期(配种后21天内)死亡。通常胚胎在附植后也会发生死亡,胚胎死亡率最高可达40%～60%,一般可达10%～30%。因此,降低胚胎死亡率是提高母牛繁殖力的又一重要措施。

④提高犊牛成活率。新生犊牛要加强护理,如产犊时进行严格消毒,及时擦净犊牛嘴边的黏液,及时吃上初乳等。要注意母牛的饲养,保证有足够营养来生产牛乳,供犊牛食用。坚持牛舍消毒工作,不使犊牛食入不

清洁的草料。冬天产房要保暖,不使犊牛遭受贼风吹袭。早食饲草对犊牛的健康生长有利,应在生后两周就开始训练吃食。哺乳期如发现犊牛有病,要及时诊治。

4.避免杂交母牛的初情期延迟或屡配不孕

杂交母牛是通过导入外血而繁殖的后代,由于受到饲养管理和品种特征的影响,杂交母牛往往表现出与本地黄牛母牛不同的繁殖特性,主要是初情期延迟,一般延迟3~5个月。处女牛与经产牛的主要区别是子宫对内分泌激素的应答反应不一致,自然交配杂交母牛较易怀孕。在对杂交母牛的处女牛进行人工授精时,一定要采用子宫深部输精法。达到初情期的母牛不发情除了遗传性繁殖障碍(如卵巢发育不全和畸形等)原因外,后天的饲养管理和环境也是影响因素。如饲料供给不足,日粮中营养成分不全,缺乏维生素A、D、E和矿物质元素,以及优质青饲料的搭配不合理。环境因素包括场址的选择与牛舍的建筑,要地势高、夏季防暑、冬季保暖,设有运动场等。防止牛场周围的水质与空气等环境污染,并防止噪音导致的应激反应等。

发情后母牛屡配不孕的原因是,日常饲养管理水平低、牛的膘情差等。人工输精人员的技术水平低和责任心不强,既没有对解冻后的精子进行质量检查,又没能准确掌握牛的发情时间和卵泡的发育程度,仅凭自己的经验输精,且输精的位置也不到位;精液的处理不当,不

按规范进行操作，特别是冷冻精液解冻时水浴的温度和时间掌握不严格，造成精子大量死亡，导致精子的密度和活率不够而配后不孕。另外，技术人员对输精器材的灭菌与消毒不严格，导致精子死亡。

5. 预防母牛流产

母牛流产分为非传染性流产和传染性流产。非传染性流产主要包括母牛的疾病、胎儿及胎膜异常、饲养管理不当、机械性损伤、药物使用不当、使役过度等所引起的流产；传染性流产主要有细菌性流产、病毒性流产、原虫性流产、真菌性流产和衣原体性流产等。预防母牛流产的措施如下：

(1)提高饲养水平：根据怀孕母牛的营养需要和不同季节的饲草情况饲喂。在冬季和初春枯草期，日粮以青干草、优质黑麦草、氨化秸秆为主，日补喂混合精料(配方为：玉米或小麦 35%、米糠或麦麸 50%、菜枯 10%、氢钙 3%、食盐 2%) 1～2 千克；在春末和夏秋盛草期，日粮以野青草为主，满足自由采食，日补喂混合精料0.5～1 千克。

(2)加强孕牛管理：坚持母牛“配后、产前一个月不使役，平时轻使役”的制度，并采取“四不措施”(即使役时不打冷鞭，不喂霉烂草料，清早、出汗、空腹不喂冷水，推磨、踩瓦泥不用孕母牛)。

(3)药物预防：中药以补气、养血、固肾、安胎为主，配方为党参35克、黄芪50克、白术60克、当归30克、白芍35克、熟地30克、续断30克、寄生40克、阿胶30克、杜仲60克、砂仁30克、黄芩30克、菟丝子30克、补骨脂30克、艾叶40克,连服3剂。西药以补充营养为主,对体质瘦弱的怀孕母牛,肌注维生素AD注射液20克/40毫升。

6. 微量元素对母牛繁殖率的影响

微量元素在动物胴体内的含量甚微,低于体重0.01%。某些微量元素在母牛繁殖中的作用不可忽视,应注意补充磷、铜、钴、锰、锌、碘和硒等元素。

当日粮中缺乏钙、磷或二者比例不当时,可导致母牛卵巢萎缩,性周期紊乱、不发情或屡配不孕,还能造成胚胎发育停滞、畸形和流产,或产出的雏牛生活力弱。实践证明,钙、磷比例以1.5∶1~2∶1为宜。

铜对受精、胎儿发育是必需的,铜过低可能抑制母牛发情,增加胚胎早期死亡率,使繁殖力减退。

缺钴性贫血的母牛不能发情,初情期延迟,卵巢机能丧失,易流产和产弱胎。给牛补饲钴盐,能促进发情,增加受胎率,提高繁殖性能。

缺锰的母牛即使能正常发情、排卵和受精,受精卵也子宫附着困难,往往发生受精而不怀胎,早期不明原因的隐性流产,所产牛犊先天性畸形、生长缓慢、被毛干燥、褪色,腿畸形而用球关节以上着地等。

锌是合成性激素酶系统的组成成分。长期缺锌使这类酶的合成发生障碍,导致母牛卵巢萎缩、卵巢机能衰退。

缺碘可使繁殖母牛发生甲状腺肿大,对繁殖产生不良影响。如常年给母牛补碘,则发情排卵正常,配种期缩短,受胎率可提高20%以上,所产牛犊健壮、成活率高。

补硒可以防止母牛流产、胚胎死亡,降低不孕症和提高繁殖力,避免胎衣不下。

7. 肉牛人工授精

(1)肉牛人工授精的优点:

①人工授精提高公牛的利用率,节省饲养公牛的饲料和费用。本交一次,公牛的射精量只能配一头母牛,若采用人工授精技术,可以配肉牛10~20头。

②人工授精可以充分发挥优良瘦肉型公牛的作用,科学调整品种布局,做到杂而不乱。人工授精技术的推广,一头公牛可以承担700头母牛的配种任务,以每头母牛年产15头仔牛计算,则每头公牛每年可以繁殖1万头商品肉牛。

③采用人工授精技术公母牛互不接触,可以避免相互传染疾病,尤其是生殖道传染病。

④克服因公母牛体形悬殊大,不容易本交的困难。瘦肉型肉牛个体均比较大,成年牛体重300~500千克,因而本交是非常困难的,而推广肉牛的人工授精技术则

不受种肉牛个体大小的限制，有利于杂交改良工作的开展。

⑤人工授精可以适时给发情母牛配种。在广大农村分散饲养母肉牛的情况下，往往因母牛发情时就近找不到配种公牛而错过配种。适期采用人工授精方法，种公牛的精液可以由输精员携带上户输精，方便灵活，不误配种适期，从而提高母牛的受胎率和增加产仔头数。

(2)肉牛人工授精的注意事项：人工授精是用人工方法采取公牛精液，稀释后按一定剂量给母牛授精。

①人工授精员要养成良好的卫生习惯，注意个人卫生。工作房要定期打扫，保持环境卫生。使用的器材要按时消毒，并保存在干净密封的容器内。长期未用的器材要定期检查并重新消毒。

②液氮罐每年至少清洗一次，使用时防止污染物进入罐内。取冻精或添加液氮时，罐塞应倒置放在干净地方，接触冻精和液氮的器物应干净。

③冻精使用前应进行镜检，但也不必每支都检，一般新用1头牛的冻精或新开1袋冻精做1次检查，存放的冻精长时间未用时做1次检查。要使用38～40℃温水解冻，解冻时间为20秒。在冬季或气温较低时解冻，接触冻精的器材必须升温到38～40℃，防止对解冻精液的冷刺激。推荐基层使用显微镜保温盒，既可保持显微镜温度，还可将要使用的器材提前放在盒中升温。

④一般精液检查时取少量精液即可，在输精前检查采样时，细管头部和输精器顶端不能接触载玻片。推荐采用输精后棉塞处剩余的一点儿精液，取样镜检。

⑤操作中要注意牛体卫生，尤其是母牛外阴的清洗。用自来水或干净流水冲洗母牛外阴，用刷子或戴手套的手擦洗粪迹后，用纤维较粗、较厚的卫生纸擦干。擦洗牛阴门时，先擦阴门裂中部，再向外擦。

⑥人工授精员输精操作时必须两手协同，主要靠伸入直肠内、握子宫颈的手起作用，先调整子宫颈的位置和角度，然后引导输精器通过。切忌简单粗暴，在母牛努责或空肠时不要慌张或强行操作，可稍停待母牛努责过后再继续操作。

⑦要熟练掌握直肠检查法和输精部位。子宫体及子宫角腔内的裂隙很小，子宫体腔部分也很短，发情时充血的子宫内膜很容易受伤出血。现在使用的输精枪外鞘头部开口较大，不光滑，在子宫腔内很容易损伤子宫内膜。因此，一般认为在通过直肠检查确定输精时间后，在子宫体基部输精就行，盲目的深部输精并不可取。

⑧由于母牛机体的抵抗力和子宫的自洁能力有限，黄体期子宫环境适于多种细菌繁殖，会造成母牛流产或胚胎难以着床，出现返情或发生子宫内膜炎症。因此，配种后的牛尽可能早做妊娠诊断，难孕牛及时治疗，妊娠牛做好保胎，防止胚胎死亡和早期流产。

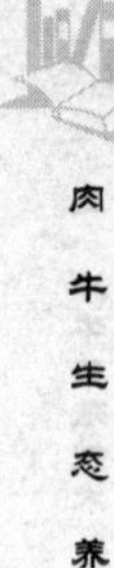

四、肉牛的营养需要和饲料配制

1. 肉牛的微量元素需要

研究表明,肉牛微量元素缺乏,轻者生长受阻、骨骼畸形和繁殖机能障碍等,严重者死亡。肉牛需要的12种微量元素中,钼、铬、镍、锰、硅和氟的需要量较小,很少出现缺乏症,不需在饲料中额外添加。

(1)铜:铜是一种重要的微量元素,肉牛缺乏时会表现贫血、生长缓慢、被毛褪色、腹泻和消瘦等症状。肉牛对铜的需要量,受日粮中钼和硫含量的影响很大。在低钼日粮中,铜的适宜含量为10毫克/千克干物质,在高钼日粮中为25毫克/千克干物质。效果最好的铜添加物是碱式氯化铜,其次为碱式碳酸铜,硫酸铜和碳酸铜最差。

(2)铁和钴:铁和钴可影响牛的造血机能。当铁缺乏时,肉牛会表现贫血、食欲减退、生长缓慢和消瘦症状,铁缺乏症易在哺乳犊牛中出现,成年牛很少见。钴

主要是作为维生素 B_{12} 的组成成分发挥作用，钴缺乏会导致肉牛贫血、消瘦，犊牛生长缓慢，母牛受胎率下降。铁在日粮中的推荐含量为 75～100 毫克/千克干物质，饲料中铁的含量一般较高，不需添加，宜补饲硫酸亚铁、氯化铁和碳酸铁等。钴在日粮中的推荐含量为 0.1 毫克/千克干物质，常用钴添加物有氯化钴、氧化钴和硫酸钴。

(3)锌、碘和硒：锌缺乏会导致牛食欲减退，消化功能紊乱，生长缓慢，繁殖能力受损。碘缺乏会使牛甲状腺肿大，犊牛发育受阻；母牛早期胚胎死亡，流产，胎衣不下；公牛性欲下降，精液品质差。硒与维生素 E 有协同互补作用，可以缓解缺乏症。硒缺乏时会导致白肌病，犊牛生长缓慢、消瘦和腹泻，母牛死胎、胎儿发育不良和胎衣不下，公牛精液品质下降。近年来，发生的牛猝死症与硒和维生素 E 缺乏直接有关。在肉牛日粮中，锌、碘和硒的推荐含量分别为 30～50 毫克/千克干物质、0.8～1 毫克/千克干物质和 0.1 毫克/千克干物质。锌、碘和硒的适宜添加物有硫酸锌、氯化锌、碳酸锌、碘化钾、碘化钠、碘酸钾、碘酸钠、亚硒酸钠等。

2. 肉牛对镁元素的需要量

(1)镁的代谢：镁主要在肉牛的前胃吸收，吸收率随年龄增长呈下降趋势。镁参与骨骼、牙齿、DNA、RNA 和蛋白质的合成，维持神经肌肉的正常功能。镁作为酶的活化因子或直接参与酶组成。大肠是镁的主要排泄途径，因此内源性镁由粪排出，吸收外源性镁，多余部分主要由尿排出。

(2)镁营养作用及缺乏症：镁构成骨与牙齿，与蛋白质结合成络合物，构成软组织；参与酶系统的组成与作用，参与三大物质代谢；参与DNA、RNA和蛋白质合成，调节氧化磷酸化作用，调节神经－肌肉兴奋剂，维持心肌正常功能和结构。

反刍动物需镁量高于单胃动物，放牧时易出现缺乏症，叫做"牧草痉挛"，表现为生长受阻、过度兴奋、痉挛、肌肉抽搐、呼吸弱、心跳快，最终死亡。

(3)镁的需要量：肉牛对镁的需要量为0.225～0.3克/天，日粮中的适宜营养水平为0.05%～0.25%(以干物质计)。肉牛对镁的吸收率很低(10%～20%)，维生素D可促进其吸收，但不如钙、磷明显。镁过量，肉牛表现昏睡、运动失调、拉稀，采食量和生产力下降。

3. 肉牛日粮中添加钾元素

(1)钠、钾、氯的代谢：3种元素的功能是维持体内渗透压，调节酸碱平衡，控制水的代谢。牛唾液中含钠量很高，平均为160～180毫克当量/升，肉牛前胃钠和氯可经偶联的主动吸收机制吸收。钠主要是通过糖和氨基酸的吸收伴随吸收，主要部位在十二指肠，其次是胃、小肠后段和结肠(主要是钠)。进入体内的钠，

90% ~95%经尿排出体外,也可经粪便、汗腺等排出,钾和氯的排泄与钠相类似。

(2)钠、钾、氯营养作用及缺乏症:钠、钾、氯为体内主要电解质,共同维持体液酸碱平衡和渗透压平衡,与其他离子协同维持肌肉神经兴奋性。钠参与瘤胃酸的缓冲作用,钾参与碳水化合物代谢,氯参与胃酸形成。

钠易缺乏,钾不易缺乏。缺盐时肉牛出现异嗜癖,长期缺乏出现神经肌肉(心肌)病变。

(3)钠、钾、氯的需要量:肉牛钠的需要量为1.35~2.1克/天,日粮中适宜营养水平为0.06% ~0.1%(以干物质计)。

肉牛日粮中钾的适宜营养水平为0.05% ~0.07%(以干物质计)。一般食物中钾含量丰富。钾过量将会干扰镁吸收和代谢,肉牛表现低镁性痉挛。

动物很少见氯缺乏症,只有在试验条件下才可能出现。

4.肉牛预混料中添加硒元素

研究证明,硒具有提高牛体免疫力的作用。肉牛缺硒主要表现为营养性肌肉萎缩症和白肌病,犊牛多发。短期缺硒肉牛会表现生长缓慢、全身虚弱和腹泻等症状,长期缺硒会死于心衰。在怀孕后期饲喂硒补充料或注射硒,可以降低母牛胎衣不下的发生率。补充硒也有利于其他病症的治疗,包括子宫炎、卵巢囊肿和乳房水肿等。

因为硒在瘤胃中的代谢非常广泛，反刍动物饲料硒的真消化率在40%~65%。与无机硒相比，给反刍动物饲喂有机来源的硒（包括富硒酵母和富硒饲料），通常能提高血液和组织中的硒浓度。一般青绿牧草、青贮料、干草及甘蓝的维生素E含量很高。谷物、优质风干鲜草、青贮玉米及酒糟也含有充足的维生素E，但质量差的牧草、稻草及块根作物维生素E含量却很低，需补充相应的添加剂。维生素E含量随储存时间的延长而降低。

生长牛的饲料应保证0.1毫克/千克硒的含量且每头牛每天补充150毫克α-生育酚；怀孕母牛产前2个月应添加维生素E。使用含硒或维生素E的针剂，或使用瘤胃投放硒丸或可溶性玻璃丸剂。对牧草按75~150克/亩施用含亚硒酸钠的肥料，或者按17.5克/亩撒粉或喷雾。要对牧草含硒量进行检测，一般超过0.5克/亩时就会引起牛中毒。此外，硒制剂还可加到饮水中使用。

5. 调制肉牛精饲料

精料补充料是由添加剂预混料、蛋白质饲料、矿物质饲料和能量饲料混合而成，不能单独饲喂肉牛，必须和青粗饲料混合才能组成全价日粮。

（1）营养生理性：要满足肉牛对各种营养物质的需

要，同时使饲料组成多样化和适口性好，容积与消化生理特性相适应。因肥育目标（高档、优质和普通肉牛）、日增重、肥育结束体重以及粗饲料种类和品质等不同，日粮精粗比例和精料补充料的配方就不同。

（2）经济与可操作性：要求选用的饲料原料价格适宜，就近取材。如利用棉籽饼等替代部分大豆饼（粕），非蛋白氮饲料代替部分蛋白质饲料。严格掌握肉牛的体重变化和饲料价格的变动，及时调整精料补充料配方以及喂量。

（3）安全性：如发霉变质的饲料、受到农药等有毒有害物质污染的和禁止使用的动物源性饲料原料等，不能用作精料补充料。另外，在配制高档和优质肉牛的精料补充料时，尤其在最后 100 天，要减少叶黄素含量高的饲料（如黄玉米等），以免牛肉脂肪颜色变黄而降低售价。

6. 调制精料补充料

精料补充料由能量饲料、蛋白质饲料、矿物质饲料及添加剂组成，可以直接用于饲喂动物，但不能单独构成日粮，主要用以补充反刍动物采食青、粗饲料以及青贮饲料后不足的养分，也用以满足干物质和能量指标。当饲草发生变化时，可根据情况及时调整精料补充料喂量。

（1）明确牛只的饲养方式：如果日粮是以青粗饲料

为基础,那将直接影响到精料补充料的组成和供给量(即基础营养物质缺多少,由精料补充料补多少)。不同的饲养方式(如放牧、舍饲、放牧加补饲)、青粗饲料来源不同,营养组分有很大差别,补充料的质与量也有一定差异。

(2)确定预期的生产水平:肉牛生产水平决定了营养需要量、饲料(包括基础料与补充料)的供给和喂养工艺(如全期高营养水平饲养或采取阶段性的高—低—高营养水平饲养等)。

(3)确定牛群内平均每头牛的日营养需要量:配方可根据饲养标准确定,而干物质的采食量则是以活重的2.5% ~3.5%计算,最后还需要确定配方所用原料及其营养成分含量。根据干物质采食量将各种营养需要量换算为占日粮干物质的百分比,或将饲料原料自然状态下的养分含量折算为干物质中的含量,扣除青粗饲料中的养分含量,便可设计出合理的精料补充料配方,再进行补充料研制与供应。

精料补充料的营养成分、水分、感官性状及检验规则、卫生指标、标志、包装、运输、贮存等必须符合相关质量检测标准。加工质量指标包括粉碎粒度、混合均匀度,粉碎粒度中一级料99%通过2.8毫米编织筛,但不得有整粒谷物;1.4毫米编织筛筛上物不得大于20%。二、三级料99%通过3.35毫米编织筛,但不得有整粒

谷物;1.7 毫米编织筛筛上物不得大于 20%。混合均匀度的变异系数不大于 10%。如果精料补充料中需要添加尿素时,一般不得高于 1.5%,并且需要注明添加物的名称、含量、用法及注意事项。犊牛料中不得添加尿素。水分含量北方要不大于 14%,南方不大于 12.5%。配合料要色泽一致,无发霉变质、无结块及异味。精料补充料占日粮的比例:犊牛55% ~65%,肥育牛 80%。

7.蛋白质补充料

蛋白质含量在 20% 以上的饲料都可以称为蛋白质补充料。根据来源,蛋白质补充料可划分为植物蛋白质、动物蛋白质、非蛋白质和单细胞蛋白。

(1)植物蛋白质:这类蛋白质包括豆饼、棉籽饼、亚麻饼干、花生饼、葵花籽饼、菜籽饼和椰子饼等,蛋白质含量和饲料价值变化很大,取决于种类、含壳量和加工等因素。

(2)动物蛋白质:动物蛋白质主要来自肉类加工厂、炼油厂、奶品厂及水产品的不可食用组织,如肉粉、肉骨粉、血粉、羽毛粉和鱼粉等。鱼粉的氨基酸平衡、无机盐和维生素丰富。羽毛粉含蛋白质 85%。使用动物性蛋白质时,因含脂肪多,容易氧化腐败和细菌污染,所以成本较高。

(3)非蛋白氮:肉牛瘤胃内的微生物可以合成蛋白质,可以用部分非蛋白氮代替蛋白质饲喂肉牛,但是无机盐和碳水化合物的供应要平衡。尿素、氮化糖蜜、氮化甜菜渣、氨化棉籽饼、氨化柑橘渣、氨化稻壳都是非蛋白质的来源。最近含非蛋白氮(NPN)的液体蛋白质补充料正在增加,市场上已经有缓性蛋白氮出售。常用的非蛋白氮为尿素,含氮量46%,粗蛋白质当量280%。当日粮的可消化能含量高、粗蛋白质含量在13%以下时,可以添加尿素。添加尿素需补充硫,使氮硫比达到15:1 。要把尿素均匀混合入精料中。尿素的喂量可占日粮蛋白质总量33%,要让肉牛有5~7天的适应期,少量多次,注意补充维生素A,日粮内添加0.5%的盐。

(4)单细胞蛋白:单细胞蛋白主要包括酵母、海藻和细菌等,可以作为蛋白质和维生素的来源。这类饲料的安全性取决于所用的菌种、底物和生长条件等。

8. 使用舔砖

舔砖是根据生产实际需要,将肉牛需要的营养物质经合理配方,生产加工成块状,供牛舔食的饲料。生产舔砖的目的是在放牧和舍饲过程中,给牛补充矿物质元素、非蛋白氮、可溶性糖等养分,提高采食量和饲料利用率,促进生长,提高经济效益。特别是在冬春枯草季节,牛舍饲青干草、农作物秸秆和青贮料等粗饲料时,补饲舔砖显得尤其重要。以矿物质元素为主的叫复合矿物舔砖,以尿素为主的叫尿素营养舔砖,以糖蜜为主的叫糖蜜营养舔砖,以糖蜜和尿素为主的叫糖蜜尿素营养舔砖。现有的营养舔砖中大多含有尿素、糖蜜、矿物质元

素等成分,一般叫复合营养舔砖。肉牛在使用舔砖时应该注意以下问题:

(1)在充分了解各地肉牛基础饲料的种类和营养成分的基础上,科学设计舔砖配方,以达到平衡饲粮养分,提高采食量及促进生长,降低成本的目的。

(2)舔砖的硬度要适中,保证牛只舔食量在安全范围内,所以在舔砖加工调制过程中,要注意压力大小及黏合剂种类的选择。

(3)注意各种原料的配比、黏合剂种类、生产工艺等,会直接影响到舔砖的质量。

(4)舔砖使用前要对牛羊进行驱虫,由于舔砖以食盐为主,补喂后要供给充足的清洁饮水。

9. 肉牛饲养不宜使用猪浓缩料

浓缩料是由蛋白原料和添加剂预混而成,饲喂时需补加能量料,即浓缩料 = 预混料 + 蛋白饲料。一般依据不同动物的营养需要来配制浓缩料。

猪是杂食性单胃动物,胃容积为 7 ~ 8 升,食物经胃初步消化为食糜,再进入主要的消化部位——小肠。牛是属于草食性反刍动物,有 4 个胃,包括瘤胃、网胃、瓣胃和真胃,瘤胃和网胃又称为反刍胃。只有第四胃真胃具有胃腺,能分泌消化液。牛胃的容积很大,一般成年牛胃的容积为 100 升左右,其中瘤胃占胃总容积的 80% 左右。草料经牛咀嚼与唾液混合形成食团,吞咽至

瘤胃进行浸泡和软化。在牛休息时,可将食团反刍到口腔进行咀嚼和再消化。瘤胃中具有大量的微生物,经瘤胃消化产生的蛋白质等营养成分在小肠中被吸收利用。

猪和牛具有不同的消化生理特点,生长发育所需要的营养成分和营养需要量也有很大区别,所以饲喂肉牛不宜用猪浓缩料。

10. 尿素的使用

随着我国畜牧业的发展,植物性蛋白供应量已经满足不了市场需求,价格越来越高,而价格的波动也很大,因此有人提出将物美价廉的非蛋白氮饲料产品来替代部分植物蛋白,作为反刍动物的蛋白补充源。目前,非蛋白氮已广泛应用于肉牛育肥。非蛋白氮饲料泛指含氮的化工产品,主要是指含氮化肥,尤其是尿素。尿素呈白色结晶状,易溶于水,无臭而略有苦咸味,方便易得、价格低廉。

在肉牛的精饲料中添加少量尿素,替代部分植物蛋白(如豆粕、棉粕、菜籽粕等)是可以的。添加少量的尿素能够被肉牛充分利用,过多会中毒,因此,添加尿素应慎重。尿素相当于7倍大豆饼粗蛋白质所提供的氮,如一头成年牛一天喂50克尿素,就相当于350克豆粕所提供的氮。

育肥肉牛每天饲喂精饲料量,一般是按照育肥牛体重的1.2%计算,体重越大饲喂量越多。在育肥肉牛精

饲料中,能量饲料(如玉米)占70%,蛋白饲料(如豆粕、棉粕等)占23%。饲喂尿素后可以减少蛋白饲料的用量,但要适当增加玉米等能量饲料的喂量。饲料中尿素的添加量占混精料的2%或不超过总干草谷物日粮的1%,添加时要把尿素混入精料中,并在日粮中添加0.5%~1%的盐。一般体重350~500千克的育肥牛,每天饲喂50克尿素是适宜的。饲喂后不能立即饮水,防止肉牛瘤胃中尿素浓度过高和降解,大量进入血液而发生中毒。

尿素在饲喂时要混拌均匀,否则也会造成中毒。一般在夏季饲喂尿素后1.5~2小时不要饮水;冬季饲喂尿素后2~2.5小时不要饮水。育肥牛中毒主要表现为神经症状,如厌食、流涎、呼吸急促、肌肉震颤、行动失调、强直性痉挛,甚至昏迷等。发生中毒后应及时抢救,否则半小时到几个小时即可死亡。灌服1.5~2千克食醋,中和瘤胃内的氨。症状严重的牛,要静注生理盐水和利尿药,也可以灌服10%醋酸钠和5%葡萄糖生理盐水混合液1~1.5千克。

除了尿素以外,还有其他一些非蛋白氮饲料,如无水氨、氨水和铵盐。无水氨和氨水不可直接用于肉牛的饲喂,主要用于肉牛粗饲料的氨化处理,如作物秸秆和劣质牧草的氨化。氨化好的秸秆味道比较大,在饲喂前必须经过放氨处理。无水氨和氨水用于粗饲料氨化,虽然价格低廉,但体积大,储存、运输不便,氨化时损失大,所以现在很少使用。另外一类非蛋白氮饲料是铵盐,有碳酸铵、磷酸铵、氯化铵和硫酸铵等。铵盐是一种比较安全的肉牛氮源补充物,既可直接饲喂,又可用于秸秆氨化处理。直接饲喂时,由于铵盐能降低瘤胃内的 pH,降低氨的释放、吸收速度,所以比较安全,但一次喂量也不可过大。用于秸秆氨化时,要先把铵盐溶于水,均匀喷洒到秸秆上,然后密封,作用机制与氨水类似。由于天然饲料中都含有一定量的铵盐,在生产中很少通过外源途径添加,而且铵盐含氨量低、价格高,从有效性和经济可行性方面分析,都不如尿素。

11. 使用白酒糟育肥肉牛

白酒糟是酿酒的副产物,酿酒的原料组成及生产工艺对白酒糟中化学成分和营养价值影响很大。白酒糟和啤酒糟均含有一定量的酒精,牛吃了后会安静许多,能安心趴卧和反刍,有促进育肥、缩短出栏时间的效果。但是,用酒糟育肥肉牛时应进行成分分析检测,配合其他饲料饲喂。

(1)必须用新鲜的酒糟,如果一时不能喂完,可把白酒糟做成青贮饲料。腐败的酒糟不能喂牛,否则会引起肠胃疾病。

(2)酒糟窖藏喂白酒糟时,要由少到多,逐渐增加,一般需要 1 周的适应期。

(3)有的白酒糟中残留有乙醇、乙酸、甲醇等有害物质,且白酒糟酸度和木质素含量均较高,使用中必须控制用量,鲜酒糟占日粮的比例以30% ~40%为好。育肥中期酒糟量可增加,一般成年牛每日最大喂量20 ~30千克,育成牛15 ~20千克。过量饲喂会引起臌胀病、腹泻、湿疹、膝部和关节红肿、便秘等症状,要停喂或减少酒糟用量。

(4)酒糟与其他饲料合理搭配。酒糟和玉米、尿素、干草搭配饲喂效果好,还需补充食盐、小苏打、磷酸氢钙、铁、铜、锰、锌等微量矿物元素。长期使用酒糟时,日粮中还应补充维生素A、D、E。

(5)中毒后及时处理。饲喂酒糟出现慢性中毒时,要立即减少喂量并对症治疗,对蹄叶炎必须及时进行急症处理,否则愈后不良。

12. 全混合日粮(TMR)

全混合日粮(TMR)是按照营养专家设计的日粮配方,用特制的搅拌机将粗料、精料、矿物质、维生素和其他添加剂等充分混合,供肉牛自由采食的一种营养平衡日粮。全混合日粮的应用需要具备以下条件:须定期评定个体肉牛的体况,按不同生长阶段对肉牛分群。规模化牛场需要具备饲料加工处理与混合的机械设备,较小的牛场可以采用人工方式混合。需要经常检测日粮营养成分,调整日粮配方。

(1)充分利用当地饲料资源,根据粗饲料的适口性、加工方式,ADF、NDF的含量等,确定精粗饲料的种类和用量。

(2)为防止牛挑食,应对各种饲料加工处理,并搅拌均匀,随时配随时用。粗饲料需要切短、粉碎,一般长3~5厘米。

(3)在TMR搅拌过程中要加适量的水,避免粉尘扬起。

13. 糟渣类饲料的特点

糟渣类饲料属食品和发酵工业的副产品,主要有啤酒渣、酒精渣、淀粉渣、豆渣、果渣、味精渣、糖渣、白酒渣、酱醋渣等,特点是含水量高(70%~90%),粗蛋白、粗脂肪和粗纤维含量各异。糟渣类的新鲜品或脱水干燥品均可作为肉牛的饲料。

啤酒渣:使用时可适当搭配其他饲料。成年肉牛每天可饲喂鲜啤酒渣5~10千克,干啤酒渣可占日粮的15%以内。

玉米酒精糟:玉米酒精糟可部分替代饲料中的玉米、豆粕和磷酸二氢钙等,一般占肉牛日粮干物质的15%~30%。

甜菜渣:建议用量不超过日粮干物质的20%。干甜菜渣在喂牛前用水浸泡,使水分含量达到85%以上才能使用。未经浸泡的干甜菜渣直接喂牛,一次用量不

可过多,以免发生臌胀病。甜菜渣青贮后,可增加适口性。

玉米淀粉渣:与精料、青绿饲料、粗饲料混合饲喂,日喂量10~15千克。

豆腐渣和粉渣:日喂量2.5~5千克,过量易拉稀。

酱油渣和醋糟:青贮牧草添加7%的酱油渣,不仅能提高干物质的含量,而且还能改进发酵效果;醋糟含有丰富的铁、锌、硒、锰等。

果渣中葡萄渣粉:在牛日粮中可取代20%~25%的配合饲料。

甘蔗糖蜜:制成粉状或块状糖蜜饲料,便于运输和贮存。每天每头肉牛饲喂糖蜜1.5~2千克。

14. 制作青贮饲料

一般青贮饲料的制作工艺为:适时收割秸秆,调节水分含量,铡短、装填、压实、密封、检查保护。将收割的秸秆晾晒或烘干,水分含量适当。再将原料用粉碎机或铡刀切短,一般玉米秸铡成2~3厘米长,白薯秧铡成5~10厘米长,装填在挖好的窖中。装填前在窖底覆盖一层青草,装填后在原料上再覆盖一层碎草。用重物将原料压实后,再用塑料布或土覆盖密封。

(1)选择有适量的碳水化合物且含糖量不少于1%~1.5%的青饲料,最好是青玉米秸秆、青高粱秸秆和白薯秧。用青豆秸做青贮料时还要添加一些富含碳水化合物的饲料,以保证青贮饲料的质量。

(2)原料的水分一般在65%~75%,水分不足则难以压实,空气排不尽则易发霉变质。

(3)填装原料的速度要快,最好1~2天完成,最迟不要超过4天。

(4)必须将青贮饲料压实,这是保证青贮饲料质量的一个重要环节,特别注意边角的压实。若2天内不能填满时,要采用逐层压实的方法,以减少原料与空气接触的时间。

(5)封埋时覆土厚度要根据当地的气温而定,北方地区要适当厚一些,如北京地区一般覆土30~50厘米。

(6)封土后几天内饲料下沉,使得覆土出现裂缝,要及时覆盖新土填补。

15. 制作氨化饲料

切碎的秸秆装入窖内或堆垛后,通入氨气或喷洒氨水,密封保存1周以上。制成的饲料取用前,先揭去覆盖物,待氨味消失后再饲喂肉牛。氨化处理能提高粗纤维的可消化性,增加饲料中的氮素含量,对提高饲料适口性,增加肉牛采食量有明显效果。

(1)建造氨化池:按每立方米氨化池装秸秆100~120千克,氨化20天计,每头牛需氨化池2米^3,并建成二联池,一个氨化,一个取喂,轮流使用。

(2)氨源及用量:一般选用尿素、氨水及碳氨作为

氨源，按照风干秸秆的2%～5%加入尿素，或按3%～5%加入氨水，或按4%～5%加入碳氨。用水量可根据秸秆含水量调整到40%～50%。

(3)填装秸秆：先把秸秆分层填装入池，每层厚20～30厘米，并按比例均匀喷洒尿素溶液，逐层压实，并装至突出池面20～30厘米，后用双层0.8毫米的塑料薄膜密封即可。

(4)氨化时间：氨化时间要依据气温而定，气温越高，完成氨化所需的时间越短。通常夏秋2～3周，冬春4～8周。

(5)氨化秸秆质量认定：优质氨化秸秆为棕黄色或深黄色，有糊香味，氨味也较浓，手摸质地柔软。

(6)氨化秸秆的饲喂：按需要量从氨化池取出秸秆，放置10～20小时，挥发余氨，直至没有刺激氨味即可饲喂。

16.制作微贮粗饲料

秸秆微贮就是在农作物秸秆中加入微生物活性菌种，放入一定的容器（水泥池、土窖、缸、塑料袋等）中进行发酵，使农作物秸秆变成带有酸、香、酒味，肉牛喜食的粗饲料。微贮饲料不仅具有青贮饲料的气味芳香、适口性好的特点，还具有独有的特点。如饲料来源广，干、青秸秆都能制成优质的微贮饲料；制作季节长，北方春夏秋三季可制作，南方全年都可制作。

(1)秸秆揉碎:秸秆要进行揉碎处理,制成长5~8厘米。

(2)菌剂的复活和菌液配制:在处理秸秆前,先将菌剂倒入200毫升水中充分溶解,在常温下放置1~2小时,然后倒入充分溶解的0.8%~10%食盐水中拌匀。

(3)秸秆入窖:在窖底铺一层20~30厘米厚的秸秆,压实后再铺放一层20~30厘米厚的秸秆,喷洒菌液、压实,直到高于窖口40厘米再封口。

(4)加辅料:在制作过程中,要铺一层秸秆,撒一层大麦粉或玉米粉、麸皮,辅料用量为总贮量的5/1 000。

(5)贮料的水分控制与检查:水分控制在60%~70%。抓取贮料试样,用双手扭拧,有水下滴,含水量为80%以上;若无水滴,松开后看到手上水分很明显,含水量为60%~70%;若手上有水分(反光),含水量为50%~55%。

(6)封窖:当秸秆分层压实,高出窖口40厘米时,均匀洒上食盐粉,用量为每平方米250克。盖膜后,加20~30厘米厚的稻、麦秸秆,覆土15~20厘米,封窖。

(7)填土:秸秆微贮后,窖池内贮料会慢慢下沉,应及时加盖土,使之高出地面,周围挖好排水沟,以防雨水渗入。

(8)开启和使用:封窖21~30天即可使用,饲喂要循序渐进,每天每头肉牛15~20千克饲料。

五、肉牛饲喂

1. 肉牛的饲养管理原则

(1)粗料细喂,精料巧喂:肉牛的主要粗料是秸秆,其中麦秸、玉米秸、稻草的比例最大。这类饲料营养价值低、粗蛋白质少、粗纤维含量高,因此,必须加工调制。把秸秆铡短至3厘米或粉碎,增加瘤胃对秸秆的接触面积,减小体积,可提高采食量和通过瘤胃的速度。采用秸秆揉碎技术把秸秆揉成短丝状,效果很好。若再配合氨化、青贮、碱化和微生物发酵处理,则效果会更好。

粗料营养价值低,单独饲喂不能满足肉牛各阶段的营养需要,必须补充精料。一般精料占肉牛日粮的比例小于50%,而且由于精料密度大、体积小等特点,与以秸秆为主的粗料一起饲喂时不易混匀,因此必须做到巧喂。如将精料拌湿与粗饲料搅拌均匀饲喂,适用于自由采食;先喂粗饲料,后喂精料,将精料撒在槽内吃剩的粗料上拌匀,使肉牛将草料一同吃完,适用于精料比例少

的情况;先喂精料,待牛吃完后再喂粗料,适用于精料比例略多,精料干物质达30%以上时;谷物类饲料比较坚实,除有种皮外,大麦、稻谷、燕麦等还包有一层硬壳,需处理后才能饲喂。

(2)少给勤添,草料新鲜:饲喂时每次上料要少,不要大量给料。上料少,肉牛采食时就没有选择性,就会全部采食干净;如果量大,肉牛则只采食那些喜欢吃的,对适口性差的(特别是粗料)往往越剩越多。久而久之,肉牛的营养需要得不到满足,还会形成了一个恶性循环,即每次喂料时肉牛都挑食,并等待上新鲜料。

(3)根据季节,科学饮水:一般肉牛采用自由饮水法较适宜。在每个牛栏内装有能让牛随意饮到水的装置,最好设置在距牛栏粪尿沟的一侧或上方,不会弄湿牛栏。如没有这种设备,则每天给牛饮3~4次水,夏季天热时饮水5~6次。

进入冬季后,肉牛的饲料开始以秸秆为主,由于秸秆水分流失严重,盐分也随水分的流失而减少。因此,肉牛入冬季后,就会不同程度地出现毛色干燥、无光泽等现象,直接影响到食欲与健康。所以,把好肉牛冬季饮水、啖盐关,在肉牛生产中尤为重要。冬季水温不可过低,必要时可饮温水,切忌饮冰渣子水,有条件的可饮豆浆或稀麦粥,既有水分,又增补营养。

(4)冬暖夏凉,防寒避暑:牛舍要向阳、干燥、通风,

舍外要有向阳、遮阴、拴系的场地和饮水槽。冬天要搭塑膜暖棚，以便保温。肉牛生长的最适温度为12～23℃，超出这个范围就会消耗体内贮存的能量，影响生长，增加饲料消耗。因此，夏季奶牛饲养应以防暑降温为中心，有条件的可在舍内安装电扇，加快舍内气流速度。牛舍内相对湿度保持在85%以下。牛舍房顶可安装喷头，洒水洗浴，以帮助牛体散热。日粮要合理搭配，适当提高能量浓度，增加青饲料的喂量，饮足新鲜凉水。冬季牛舍保温主要是防风，特别注意防止穿堂风或贼风。牛舍内避免湿度过大，注意不要大量用水冲刷粪便，给牛饮水水温要在12℃以上。取部分精料，用开水调成粥状喂牛，有利于保温抗寒，增加采食量，增重效果明显。

(5)精心观察，有病早治：每天都要仔细观察每头肉牛的采食速度、采食量、饮水、粪的形状和精神状态。对有异常表现的牛要触摸耳的温度，听心音及肠鸣音，以便及早发现病情并对症治疗。

2. 肉牛饲喂的方法

肉牛的饲料在喂饲前要进行加工。精料粉碎不细，则不易消化利用；精料过细牛又不爱吃。根据日粮中的精料量区别饲喂。精料少，可采用多次添加精料的方法，让牛尽量多采食些粗料；精料多，可与粗料混合饲喂。粗料应切短后饲喂，可提高牛的采食量，还减少浪费。在肉牛育肥阶段，当精料超过60%时粗料可切得长些。野草类可直接投喂，不必切短。块根、块茎和瓜类饲料喂前一定要切成小块，不可整个喂给，以免发生食道梗阻。豆腐渣、啤酒糟、粉渣等虽然含水分多，但干物质与精料相仿，可减少精料喂量。糟渣类的适口性好，牛很爱吃，但要避免过食而造成食滞、前胃弛缓、臌胀等。

饲喂肉牛以全混合日粮为佳，也可把精料和粗料混合饲喂。在饲喂前3~4小时，将加工处理的秸秆(青贮饲料)、副料(如糟渣类)、精料混合料分层铺匀，加入饲料总量40%~50%的水，喂时拌匀。同时饲喂肉牛要做到“三定”：定专人饲养，以便掌握牛吃料情况，观察有无异常现象发生。定饲喂时间，一般5时、17时分2次上槽，夜间最好能补喂1次。每次上槽前先喂少量干草或秸秆，然后再喂拌料。1小时后再饮水，要用15~25℃的清洁水。夏季可稍加些盐，以防脱水。定喂料量，不能忽多忽少。此外，饲养员要观察肉牛的吃食、粪便、反刍情况，小病及时治疗，大病淘汰。

一般饲料中的水分不能满足牛体的需要，必须补充饮水，最好是自由饮水，干物质与水为1:5。

3. 哺乳期母牛的饲喂

哺乳期母牛以青粗饲料为主，尽量饲喂些青干草或青绿饲草。母牛每天需喂给体重8%~10%的青草，体

重0.8% ~1%的秸秆或干草。一定要补充矿物质和食盐,即每天要喂钙粉(磷酸氢钙或石粉砺粉)50 ~ 70克,食盐40 ~ 50克,可以利用营养舔砖,保证充足饮水。补喂精料根据母牛大小、怀孕、哺乳、膘情等情况确定。空怀母牛如果膘情差,粗饲料质量不好或饲料单一的应当补喂精料,以利于尽快发情、受配怀孕。在母牛空怀期,每头每天补饲1 ~ 2千克精料补充料。从怀孕第9个月到产犊,每头每天补饲2千克精料补充料。产犊后至犊牛4月龄,每头母牛每天补饲3 ~ 4千克精料补充料。

舍饲母牛,先喂青草(干草)或秸秆,再喂精料;放牧母牛,收牧后投喂干草或秸秆,补喂精料。甜菜、胡萝卜等块茎饲料是母牛、犊牛冬季补饲的较好选择,室内堆藏或窖藏,喂前应洗净泥土,切碎后单独补饲或与精料拌匀后饲喂。

4. 产后母牛的饲喂

(1)母牛产后应观察胎衣排出情况,产后48小时内如果胎衣未排,应及时治疗。胎衣排出不完整也应治疗,以防造成子宫炎症,影响以后的配种受胎。

(2)对产后母牛好好照顾,尽量舍内饲养。日粮应以容易消化、营养价值全面的青粗饲料为主,如各种青贮、优质青干草、少量精料等。产后2 ~ 3天,喂给优质干草2 ~ 3千克,由少到多,适当补给小麦麸、玉米,控制催奶。产后4 ~ 5天,逐渐增加精料、多汁料、青贮料和干草，精料每日增加0.5～1千克，直到7～8天达到给料标准。日采食干物质中精饲料逐步达到50%～55%，一般日喂混合粗饲料10～15千克。至产后15天，青贮料达20千克以上，干草3～4千克，多汁饲料3～4千克。在增加精料过程中还要观察牛的粪便和乳房的情况，如果水肿仍不消退，应适当减少精料和多汁料。母牛产后1周内应供给温水，不宜饮凉水，以防患病。严禁饲喂难消化、大容积、能导致腹泻和便秘、不新鲜和冰冻发霉的饲草。

(3)母牛产后全身虚弱，感到十分疲劳和口渴，应给予15～20千克温热小麦麸盐水汤(10升水中加小麦麸1～1.5千克、食盐50～100克、红糖0.5～1千克、益母草或益母草膏1千克)或稀粥料，以补充分娩时体内水分的消耗和恢复体力，防止奶牛产后便秘。如果奶牛产后及时喂饮一定量羊水，有利于奶牛胎衣顺利排出。

5.哺乳犊牛的饲喂

保证犊牛能及时吃到不受污染的新鲜恒温母乳，每昼夜哺乳7～9次，每次12～15分钟，消化病很少，身体壮、生长快。

养好产犊母牛，做到产后立即饮温水并加少量麦麸和食盐；日粮中增加精料1～2千克；产后2个月内免去或减轻劳役；饮足清水；补充矿物质，以提高产奶量。母牛的产奶能力决定哺乳期犊牛的生长速度。

及时补喂精料，犊牛出生后 3 周开始训练吃草料，以刺激瘤胃发育，提高瘤胃功能，补充吃母乳不足的营养。训练犊牛所用饲料每次都是新料，最好是颗粒料，一般一周犊牛即可学会吃料。2 月龄每天 0.4 ~ 0.5 千克，3 月龄日喂 0.8 ~ 1 千克，以后每增加 2 个月龄，日增加精料0.5千克，至 6 月龄断奶时犊牛日喂犊精料达 2 千克。或采用犊牛代乳粉和早期断乳技术，以提高犊牛日增重，提高母牛繁殖率。

6. 初生犊牛的饲喂

初生犊牛的组织器官尚未完全发育，对外界环境的适应能力很差，加之胃肠空虚，缺乏分泌反射，蛋白酶和凝乳酶也不活跃，真胃和肠壁上无黏液，易被细菌穿过侵入血液，引起疾病。此外，初生犊牛的皮肤保护机能较差，神经系统尚不健全，易发病。要降低犊牛的死亡率，培育健康犊牛，就必须让犊牛及早吃上初乳。

母牛分娩 1 周内所分泌的奶汁为初乳，具有特殊的生物学特性，是新生犊牛不可缺少的食物。初乳首先是有能代替胃肠壁上黏液的作用，能阻止细菌的入侵。同时初乳的酸度较高，可使胃液变成酸性，不利于病菌繁殖。初乳中还含有溶菌酶和抗体蛋白，有抗病的效力。初乳的营养成分特别丰富，比常乳干物质总量多 1 倍以上，蛋白质多4 ~ 5倍，乳脂多 1 倍，维生素 A、D 多 10 倍。初乳中还含有较多的镁盐，有轻泻的作用，有利于排出体内胎粪。初乳对初生犊的成活至关重要。

犊牛出生后最好在30～60分钟内吃第一次初乳，犊牛能够站立时即可饲喂，最晚不得超过6小时。一般第1天初乳喂量为2～2.5千克，以后每天增加0.1千克至第3～5天。初乳不宜喂得过多，以防下痢。喂奶时要做到定量、定温、定时和定人。刚出生犊牛喂乳时，牛奶必须加热到小牛体温（39℃）后才能饲喂，温度过高易凝固，过低易发生下痢。

7. 提高肉牛的采食量

（1）日粮中精料和粗料合理搭配，先粗后精、少添勤喂，更换草料时逐渐过渡。粗饲料经粉碎、软化或发酵后与精饲料混合，有条件的可制成颗粒。当精料较少时，可以精带粗、少添勤喂，适当投喂青绿多汁饲料。

（2）采用自由采食，确保每头肉牛有45～70厘米的食槽间距；食槽表面应光滑；每次上食槽饲喂不应少于2～3小时；剩料不应大于3%～5%；拴系时颈链有足够的长度。

（3）在夏季防暑降温，尽量在早晚凉爽时饲喂，或夜里多喂1次；饲料不要在食槽中堆积，防止发热、变酸。饮水要充足，冬天水温应高一些，夏天水温要低一些。

（4）注意日粮的蛋白质平衡和纤维平衡，采食精料过多，粗饲料不足，引起瘤胃轻度酸中毒，用瘤胃缓冲剂

可以缓解。提高精料中的能量和蛋白度的浓度、质量，减少精料量，增加草料供给量。在饲料中可适当添加增食剂和健胃药，促进牛的采食量。此外，为了让牛多采食粗饲料，可适量添加糖蜜于粗饲料中。

六、肉牛育肥

1. 提高肉牛育肥效果

(1)科学选购育肥牛,把好进牛关。

(2)适应期饲养,做好育肥准备。刚购进的育肥牛,一般需要10~15天的适应期。进场后对牛体彻底消毒(尤其是头、蹄、尾部),第3~5天防疫注射,体内外驱虫,服健胃药。

(3)精心管理,分段饲养。育肥牛的饲养要一牛一拴,一牛一绳。每天对牛体刷拭1~2次,保持圈舍冬暖夏凉、空气流通。根据架子牛的生长发育特点,分为过渡期、快速肥育前期和快速肥育后期。

(4)合理调配饲料,满足牛的需要。精饲料一般谷物类占65%~80%、麸皮10%~15%、饼类10%~20%、矿物质5%,并加入精料量1%的碳酸氢钠,每头每天50克食盐。添加剂包括抗生素类、微量元素类和维生素类。

(5)在整个肥育过程中,注意观察肉牛的精神、饮食、反刍、粪尿情况,发现异常及时诊治。

(6)确定育肥天数,适时出栏。肉牛体重超过500千克,增重速度明显减缓,要及时出售。

2. 肉牛育肥麸皮的使用

麸皮是小麦加工成面粉时所得的副产品,粗蛋白质含量可达12%~17%,质量高于小麦,含赖氨酸0.67%、蛋氨酸0.11%,维生素B族较丰富。但麸皮含磷量多(1.09%),含钙量少(0.2%),含能量也较低。

(1)合理搭配饲料:麸皮所含能量较低,应与高能量饲料如玉米、高粱等配合使用;在麸皮中要适量加入蛋氨酸和赖氨酸添加剂,以保证配合饲料中氨基酸平衡;麸皮中钙、磷比例严重失调,必须注意补充钙质。

(2)忌用麸皮干喂:麸皮质地膨松、吸水性强,如果长期大量干喂麸皮,又饮水不足,易导致便秘。

(3)适当控制麸皮的饲喂量:麸皮质地疏松,具有轻泻性,对育肥牛、犊牛、种牛要适当控制喂量。

3. 调理育肥牛的瘤胃乳头发育

瘤胃乳头对犊牛生长发育起着关键性作用。犊牛在1~2月龄时几乎不能进行反刍,3~6月龄时瘤胃内开始出现正常的微生物活动,3~4月龄开始反刍,6月龄时才具备完全的消化功能。6月龄内的犊牛对精料和干草只能少量摄取,消化这些固体饲料则以第四胃

(真胃)和肠道为主。

犊牛除了饲喂适量的全乳外,应及早饲喂干草等粗饲料,因为干草植物性饲料中的粗纤维有助于瘤胃容积发育。

4. 肉牛育肥要求的水质

水分供应不足,会影响到肉牛的各种生理活动,严重时生产力下降,甚至威胁生命。肉牛对水的需要量受环境温度、生产性能、体重、饲料类型和采食方法等影响。要求水质清洁卫生,水的理化指标、细菌指标、农药含量、有毒物质含量等符合一定标准。

一般肉牛采用自由饮水法,每个牛栏内装有饮水装置,最好设置在距牛栏粪尿沟的一侧或上方,流出的水很快进入粪尿沟,不会弄湿牛栏。如没有这种设备,则每天给牛饮3~4次水,夏季天热时饮水5~6次。冬季肉牛的饲料开始以秸秆为主,由于秸秆水分流失严重,盐分减少,肉牛会出现不同程度的毛色干燥、无光泽等现象,直接影响到食欲与健康。所以,把好肉牛冬季饮水、啖盐关尤为重要。冬季可饮温水,切忌饮冰渣子水。有条件的可给牛饮豆浆或熬稀麦粥,既补充水分,又增补营养。

5. 犊牛育肥应注意的问题

(1)品种的选择:选择早期生长发育快的肉牛品种,仍以奶公犊、肉用牛与本地牛的杂种犊牛为主。

(2)性别和体重的选择:以公犊牛为佳,初生重要求在35千克以上,健康无病。

(3)育肥技术:犊牛出生3日内随母哺乳或人工哺乳,但出生3日后改由人工哺乳,1月龄内按体重的8%~9%喂给牛奶。精料量从7~10日龄开始逐渐增加到0.5~0.6千克,青干草或青草任其自由采食。1月龄后喂奶量保持不变,精料和青干草则继续增加,直至育肥到6月龄出售,也可继续育肥至7~8月龄或1周岁出栏。出栏期根据消费者对犊牛肉口味喜好的要求而定。

犊牛在4周龄前要严格控制喂奶速度、奶温及卫生等,以防消化不良或腹泻,特别是要吃足初乳。5周龄以后可拴系饲养,减少运动,每日晒太阳3~4小时。夏季要防暑降温,冬季宜在室内饲养(室温在0℃以上)。每日刷拭牛体,保持牛体卫生。犊牛在育肥期内每天饮水2~3次,自由饮水,夏季饮凉水,冬季饮20℃温水。在选择采用全乳还是代用乳饲喂时,可根据成本高低来决定。

6. 肉牛持续育肥

持续育肥是指犊牛断奶后,立即转入育肥阶段进行育肥,直到出栏。

(1)舍饲持续育肥技术:充分利用随母哺乳或人工哺乳。0~30日龄,每日每头全乳喂量6~7千克;31~

60日龄,8千克;61~90日龄,7千克;91~120日龄,4千克。0~90日龄,犊牛自由采食精料补充料。91~180日龄,每日每头喂精补料1.2~2千克。181日龄进入育肥期,按体重的1.5%喂精补料,粗饲料自由采食。

犊牛转入育肥舍前,对育肥舍进行彻底消毒;育肥舍可采用规范化育肥舍或塑膜暖棚舍,舍温以保持在6~25℃为宜,确保冬暖夏凉。当气温高于30℃以上时,采取防暑降温措施。

犊牛断奶后驱虫一次,10~12月龄再驱虫一次。日常每日刷拭牛体1~2次。

(2)放牧+舍饲持续育肥技术:当气温超过30℃时,注意防暑降温,可采取夜间放牧的方式,提高采食量。春、秋季应白天放牧,夜间补饲。冬季采取舍饲育肥,根据预期日增重要求补喂精料,注意适当增加能量饲料的比例。

放牧时合理分群,每群50头左右,分群轮牧。放牧肥育一般在5~11月,放牧时要注意牛的休息、饮水和补盐。夏季防暑,狠抓秋膘。

7. 肉牛育肥使用的添加剂

用于肉牛育肥的饲料添加剂分为营养性添加剂和非营养性添加剂。营养性添加剂主要有维生素、微量元素和氨基酸。非营养性添加剂是指不起营养作用的添加剂,如抗生素、促长剂、保护剂等。

(1)非蛋白氮(尿素):这是肉牛育肥中最常用的非蛋白饲料添加剂。由于尿素在牛体中的分解速度快,现已研究出安全型非蛋白氮产品,如磷酸脲(商品名为牛羊乐),它在牛瘤胃内的水解速度显著低于尿素,能促进牛的生理代谢及其对氮、磷、钙的吸收作用,饲喂效果好于尿素。

(2)碳酸氢钠(小苏打):这是育肥牛时较常用的缓冲剂。肉牛育肥中后期常常供给大量精料,瘤胃中形成过多的酸性产物,影响牛的食欲,同时牛瘤胃中微生物区系被抑制,对饲料消化能力减弱。添加碳酸氢钠可以中和瘤胃中的酸,使瘤胃更适合微生物的生长繁殖,从而提高牛的增重速度。碳酸氢钠拌在精料中饲喂,添加量占精料喂量的0.5%~1%。

(3)瘤胃素(莫能霉素钠):作用是减少瘤胃甲烷气体能量损失和饲料蛋白质降解,控制和提高瘤胃发酵效率,从而提高肉牛增重速度及饲料转化率。饲喂时,要将瘤胃素均匀混合在饲料中,每千克日粮干物质中添加30毫克。肉牛饲喂瘤胃素,每头每日最少不低于50毫克,最高不超过360毫克。瘤胃素在牛体中代谢快,72小时后94%由粪尿排出,育肥时无需停药期。注意瘤胃素只能用来饲喂反刍动物,马属动物不能喂。

(4)益生素:这是平衡胃肠道内微生态系统中一种或多个菌系作用的微生物剂,能激发自身菌种的增殖,抑制别种菌系的生长；能产生酶、合成B族维生素，提高机体免疫功能，促进食欲，减少胃肠道疾病，具有催肥作用。益生素添加量为饲料的0.02%～0.2%。

（5）中草药添加剂：具有天然、无污染的特点，并可提高动物的生产性能和控制疾病等。中草药饲料添加剂的配制是根据各类中草药的药理作用，综合考虑消化、补气、养血、滋阴、驱虫、清热等功能。

8.新进架子牛的调理

对新购进的架子牛要先隔离饲养、驱虫、健胃等，适应过程一般为10～15天。观察每头牛的精神状态、采食和粪尿情况，发现问题应及时处理或治疗。进场后3～4天，要用0.3%过氧乙酸消毒液对牛体逐头消毒。进场后5天，对所有牛进行驱虫，用阿维菌素按每100千克体重2毫克，左旋咪唑每100千克体重0.8克，一次投服。服药前根据每头牛重量分别计算用药量，称量要准确。对有疥癣的牛，可用2%柴油加敌百虫混合液涂抹在结痂处，柴油有渗透作用，敌百虫有杀虫作用，效果很好，一般涂抹2次就可治愈。进场后第7天，用健胃散（中药）对所有的牛进行健胃，体重250千克以下每头牛灌服250克，体重250千克以上灌服500克。健胃后的牛开始按育肥期饲料供给，精饲料喂量由少到多，逐渐达到规定喂量。

对观察饲养期满的牛，正式转入健康牛群前要按照

年龄、品种、体重分群。一般年龄相差在2～4个月内，体重差异不超过30千克，相同品种的杂交牛分成一群，3岁以上的牛可以合并一起饲喂。分群的目的是便于饲养管理。

(1)饲料搭配与混合：常用饲料配方为，玉米面72%，棉籽饼15%，麸皮8%，氢钙1%，食盐1%，添加剂2%，尿素1%。日喂量为每100千克体重1千克混合精料为宜。粗饲料仍以青贮玉米秸或氨化麦秸为主，任意采食不限量。有条件时喂给部分酒渣(啤酒渣更好)，每头每天的喂量为10～15千克。如喂酒糟酸度过大，在精饲料中可加入0.5%～1%的小苏打。喂饲时可先料后草，也可草料混喂，日喂2～3次，做到定时、定量、定人员。减少外人参观，环境尽量安静。为了掌握增重情况，争取每月早晨空腹时称重一次。对增重差的牛要查明原因，及时处理或淘汰。

把精料、粗料、糟渣料、青贮饲料、干草饲料分开饲喂，将每头牛一天所需精料根据喂量分成2～3份，饲喂顺序为精料、糟渣类、粗料，喂至九成饱即可。粗料要少添勤添，也可以混合拌匀后饲喂。将育肥牛日粮组成的各种饲料按比例(称量准确)全部混合，拌匀后投喂。这样的饲料牛不会挑食，而且先上槽牛和后上槽牛采食到的饲料比例基本都一样，提高了育肥牛生长发育的整齐度。

(2)干拌料和湿拌料:在饲喂育肥牛时,采用干拌料和湿拌料都可。不宜采食干粉状饲料,因为牛一边采食、一边呼吸,容易把粉状料吹起,也影响本身的呼吸。育肥牛在采食半干半湿混合料时要特别注意,防止混合料发酵产热,会使饲料的适口性大大下降,影响采食量。因此,应采取多次拌料,每一次拌料量少一些,以能满足牛4~6小时的采食量为限,用完再拌;将拌匀的混合料摊放在阴凉处,10厘米厚为好。

(3)饲喂次数:每天饲喂2~3次。

(4)投料方式:将按比例配好的饲料堆放在牛食槽边,少添勤喂,使牛总有不足之感,争食而不厌食或挑剔。但少添勤喂时要注意牛的采食习惯,一般规律是早上采食量大,早上第一次添料要多一些,太少了容易引起牛争料而顶撞斗架。晚上饲养人员休息前,最后一次添料量要多一些,因为牛在夜间也采食。

(5)饲料更换:很少牛场能有均匀性的饲料,从育肥牛进栏到出栏都用相同的饲料;随着牛体重的增加,各种饲料的比例也会有调整,因此,在育肥牛饲养过程中饲料会经常变更。饲料的更换应有3~5天过渡期,决不可骤然变更,打乱牛的原有采食习惯。在饲料更换期间,饲养管理人员要勤观察,发现异常时及时采取措施。

另外,要满足育肥牛饮水需要,采用自由饮水法为

宜。在每个牛栏内设置饮水装置，最好设在距牛栏粪尿沟的一侧或上方。冬季北方天冷，自由饮水有一定困难，只能定时饮水，但每天至少3次。在冬季牛饮温水（15℃）、饮冰水、吃雪3种情况下，育肥牛的增重速度未发现有差异。因此，冬季育肥牛饮用凉水即可，有条件的用温水。

9. 架子牛育肥的技术要求

（1）架子牛的选择：

①选购杂交牛：要选择良种肉牛或肉乳兼用牛及其与本地牛的杂交牛，其次选荷斯坦公牛、荷斯坦公牛与本地牛的杂交后代。

②性别的选择：不去势公牛的生长速度和饲料转化率均明显高于阉牛，且胴体的瘦肉多，脂肪少。母牛的肉质较好，肌纤维细嫩，柔嫩多汁，脂肪沉积较快，容易肥育。

③选择适龄牛：最好选择1～2岁牛进行育肥。如计划饲养3～5个月出售，应选购1～2岁架子牛；秋天购买架子牛，第二年出栏，应选购1岁牛；利用大量糟渣类饲料育肥时，选购2岁牛较好。

④选购适宜体重的架子牛：架子牛6月龄体重120～200千克，12月龄体重180～250千克，18月龄体重220～310千克，24月龄体重280～380千克。

⑤外貌选择：架子牛符合该品种特征，身体各部位

结合紧凑，头小颈短，站姿标准，肩胛骨及肋骨开张较好，背腰平坦，腹部紧凑不下垂，尻部宽平，肢体健康，被毛光亮。

⑥健康状况观察：健康的架子牛双眼有神，呼吸有力，尾巴活跃，积极迎接饲养员。

（2）肥育前的准备：肥育前驱虫。一般按每 50 千克体重用克虫星 5 克，混在饲料中喂服；在驱虫后 3 天进行健胃，对于消化不良的瘦弱牛要灌服健胃散 250 克，每天 1 次，连续灌服 2 天。

（3）肥育饲养技术及管理：架子牛肥育主要采用舍饲拴养肥育，冬天要注意保温，夏天要防暑降温。拴牛绳长 40 厘米，能防止牛回头舔毛，且能限制运动。饲喂顺序是先粗后精，先喂后饮，定时定量，日喂 3 ~ 4 次。每日用硬毛刷对牛体表刷拭 1 ~ 2 次。每周应用消毒药液对牛舍消毒一次。

架子牛育肥前期要重视粗料、矿物盐的饲喂，促进骨骼、瘤胃的发育。育肥中后期改为低蛋白高能量精料，主要考虑肉牛的生长速度，满足肌间脂肪沉积及形成大理石花纹的营养需要。肉牛每天的饲料干物质摄取量为体重的 2% ~ 3%。架子牛经过育肥，全身肌肉丰满，脖子隆起，采食量下降，体重达到 500 ~ 600 千克时及时出栏。

10. 架子牛强度育肥制度

架子牛强度育肥，分为过渡期、育肥前期和育肥后期。

（1）过渡期：架子牛刚进场的10～15天为过渡期。过渡期进行架子牛驱虫健胃，适应新的环境并过渡到育肥牛的日粮类型。将日粮精粗饲料比例逐渐调整到（30%～40%）：（60%～70%）。

（2）育肥前期：育肥前期也叫做增重期，过渡期之后进入育肥前期（表2），蛋白质的水平要高一些。育肥前期将日粮精粗比例逐渐调整到60%：40%。

（3）育肥后期：育肥后期也叫做肉质改善期，要使脂肪沉积于肌纤维间。与育肥前期相比，日粮中能量水平要高些，育肥后期日粮精粗比例为70%：30%。育肥后期的时间依架子牛体重大小而异。育肥牛膘度和体重达到出栏标准时，及时出栏屠宰。

表2　架子牛肥育期分阶段设计

架子牛体重（千克）	育肥前期		育肥后期	
	饲养期（天）	日增重（克）	饲养期（天）	日增生（克）
400	—	—	85	1 100
350	75	1 200	70	1 150
300	100	1 200	95	1 100
250	120	1 100	100	1 000
200	160	1 100	100	1 000
150	210	1 050	120	1 000

七、后备牛饲养管理

1. 饲喂种公牛

种公牛饲养的好坏,直接影响种公牛精液的质量。喂给种公牛饲料的营养成分必须全面,这是保证种公牛正常生产及生殖器官正常发育的首要条件,特别是饲料中要含有足够的蛋白质、矿物质和维生素等。

种公牛的日粮由青草或青干草、块根类及全价混合精料组成。一般按100千克体重每日饲喂干草2千克,块根饲料1千克,全价混合精料0.5千克;或按100千克体重每日饲喂2.5千克干草,0.5千克全价混合精料。在夏季可用3千克鲜草代替1千克干草,但每头不应超过10千克;在冬季可用3千克青贮料或2~2.5千克块根代替1千克干草。育成种公牛一般除补足精料外,还应自由采食优质干草,日粮中蛋白质含量不应低于12%,使育成种公牛的日增重保持在1.5~1.8千克。如果营养不足,会延迟种公牛性成熟期,影响生长

发育,降低精液品质。

精料中,大麦、玉米30%,糠麸类35%,豆饼、菜籽饼、棉籽饼25%,鱼粉、血粉5%,磷酸氢钙3%,食盐2%。

从断奶时起,种公牛就应单槽喂养。公牛间距应在3米以上,或用2米高的栏板隔开,以免相互爬跨和顶架。饲喂种公牛应定时定量,一般日喂3次,饲喂顺序为先精后粗。种公牛的饮水应充足,保证随时供给,否则有可能处于应激状态,影响精液产量。要在给料和采精前饮水,种公牛在采精前或运动前后半小时内不宜饮水,以免影响健康。

2. 后备牛培育的目的和原则

后备牛是指出生至第一次产犊的母牛,或出生至24月龄的公牛,分为犊牛、青年牛(青年母牛和青年公牛)。犊牛是指出生至6月龄的牛。青年母牛是指6月龄后至第一次产犊的牛。青年公牛是指6月龄后至24月龄的牛。

(1)后备牛培育的目的:目的是提高牛群质量与生产水平。

犊牛期是生长发育强烈的阶段,生理机能正处在急剧变化中,易受条件的作用而产生反应,因而可塑性大。此阶段生长发育情况直接影响成年时的体形结构和终生的生产性能。因此,加强后备牛培育,就可以在成年时将优良的遗传基础充分显现出来,从而使个体在遗传和表型上优于先代群体。同时加强后备牛培育,也可使某些缺陷得到不同程度的改善与消除。

犊牛机能不全,对环境的适应能力较差,容易死亡,特别在初生期。据统计,犊牛生后7天内的死亡数占犊牛总死亡数的50%。但是,如果能充分发挥人的主观能动性,采取及早吃上初奶,加强护理,搞好防疫卫生等措施,就可以大大降低犊牛死亡率,扩大牛群。

(2)后备牛培育原则:

①加强妊娠母牛的饲养管理,促进胚胎的生长发育,以获得健壮的初生犊牛。牛胚胎前期绝对增重不大,但分化很强烈,对营养的质量要求较高。妊娠后期胚胎的绝对增重很快,对营养的需求大。因此,应供给大量的全价日粮,日粮体积不能太大,以免影响胎儿。最后2个月胎儿增重占60%,营养需要量更大,更要供给母牛营养丰富的日粮。胚胎期还要加强母牛运动,以增强体质,有利于胎儿生长发育和分娩。放牧牛和舍饲期运动的牛很少发生难产,而且产程缩短,长久拴着不运动的牛难产率就高。为此,加强妊娠母牛运动是防止难产的有效措施,尤其是产前1个月。

②加强消化器官的锻炼:牛必须具有容积大、强而有力的消化器官。早期补饲草料,供给适量的精料、大量的优质青粗饲料是很有必要的。

③运动和泌奶器官的锻炼：培育后备牛，还要注意母牛加强运动，尽可能做到早期放牧，以增强体质。加强性成熟以后的乳房按摩，以使乳腺组织受到良好刺激而迅速生长发育。

3. 肉牛主要的经济性状

肉牛性能测定，涉及生长发育性状、繁殖性状、肥育性状、胴体及肉质性状等5类。

(1)生长发育性状：生长发育性状指初生重、断奶重、周岁重、18月龄重、24月龄重、成年母牛体重、日增重及外貌评分，各年龄阶段的体尺性状，称为中等遗传力。

(2)肥育性状：肥育性状是指育肥开始、育肥结束及屠宰时的体重、日增重、外貌评分、饲料转化率等。

(3)胴体性状：胴体品质是衡量一头肉牛经济价值的最重要指标，主要包括热胴体重、冷胴体重、胴体脂肪覆盖率、屠宰率、净肉率、背膘厚、眼肌面积、部位肉产量等屠宰性状。应用超声波技术，活体测定背膘厚、眼肌面积、肌内脂肪含量、背部肉厚、臀部脂肪厚度等性状。

(4)肉质性状：肉质是一个综合性状，通过许多肉质指标来判定等级，常见的有肉色、大理石纹、嫩度、肌内脂肪含量、脂肪颜色、胴体登记、pH、系水力或滴水损失、风味等。

(5)繁殖性状：母牛繁殖性状包括产犊间隔、初产年龄、女儿难产度、直接难产度等;公牛繁殖性状包括情期一次受胎率、精液产量、睾丸围以及精液品质等。

4. 肉牛个体性能测定的方法

个体性能测定分为测定站和场内测定两种。测定站是将个体集中在一个相对一致的环境条件下进行测定,但成本太高,可操作性差。针对我国实际情况,育种群母牛和断奶前公牛建议采用场内测定,依靠处于不同场个体之间的亲缘关系进行遗传评定和相互比较,候选公牛在公牛站进行测定,条件成熟时可在测定站进行,进一步做包括胴体性状在内的后裔测定或同胞测定。

(1)系谱记录及其个体档案:作为一头种牛或候选种牛,要求要有完整的系谱记录和个体信息表。所谓系谱就是表明个体的父母亲、祖先及其相关个体信息的材料,除了纸质材料外,还需要有一个完善的育种资料数据库管理系统,对这些数据进行规范化管理。

(2)个体性能测定:

①生长发育性状:初生重、断奶重、周岁重、18 月龄活重、24 月龄重、成年牛体重及外貌评分;在实测体重的同时进行体尺测量。

②繁殖性状:母牛包括初情期、初产年龄、产犊间隔、难产度、发情周期、情期受胎率等性状;公牛包括如睾丸围、情期一次受胎率、精液产量、精子活力、精子密度、精液颜色、精子畸形率等性状。

③超声波活体测定:包括背膘厚、眼肌面积、大理石花纹级别和肌内脂肪含量等。

(3)记录系统:个体性能测定的记录体系其实就是育种场或育种群做的常规育种记录,包括系谱、繁殖(配种及产犊)、生长发育、疾病、群体变化情况等。如果是公牛站,还应有采精及精液品质记录。小公牛本身的性能测定,还要有饲料消耗记录。

(4)测定和记录原则:测定前一天制定日志。严格按要求进行测定,做到及时准确,按时记录。对于劳动量大、测定困难的体重类性状,初生重除外,要按着日期相近原则进行分组测定,但与要求日期不得相差30天,测定时务必注明测定日期。

5. 肉牛日常养殖

为发展养牛业,必须改变传统的落后饲养方式,充分挖掘资源潜力,科学规范饲养管理技术,积极推广“杂牛—饲草—补料”的节粮高效饲养新模式。

(1)选喂杂牛(杂交牛):因为杂交牛具有明显的杂种优势,在短时间内可生产大量优质牛肉。若无杂种牛,可选3~8年龄、体重250千克、膘情中等、健康无病的本地阉牛短期育肥。因为肉牛在8月龄以前生长发育速度最快,8月龄至2周岁次之,以后生长速度减慢,5周岁时基本停止。因此,选购5周岁以内的架子牛育肥最好,年龄过大,膘情太差,育肥效果较差。

(2)饲喂青贮料:能提高营养转化率,增强适口性,降低生产成本。饲喂处理过的草料要有7~10天过渡期。牛的正常采食量一般占体重的2%,以吃好不浪费为原则,日喂3次。

(3)补喂混合料:玉米60%,豆饼37%,淀粉2%,盐1%,以便降低饲养成本。按体重的1%定时饲喂,每天分2次补料。

(4)加喂添加剂:“靠科学养牛,向技术要肉”是发展肉牛业,提高养牛效益的重要途径。目前应用比较广泛的是埋植增重剂技术,增加了牛肉产量,提高了饲料报酬。育肥公牛可随时埋植,以阉牛的效果最好。对饲养期长的牛,可间隔100天重复埋植1次,育肥效果更佳。

(5)适时出栏:架子牛经过100天左右快速育肥后,全身肌肉丰满,食欲下降,达到九成膘即可出栏。

另外,要做好牛的健胃和驱虫工作,牛舍注意保温和防潮,保持干燥清洁。

6. 种牛修蹄

对种牛蹄部进行护理是一项经常性的技术工作,可以较好地校正种牛蹄形,减少蹄部疾病,提高种用价值。

(1)保定要切实可靠:如果保定不牢,易造成人畜的损伤。牛只保定一定要安全牢固,切不可在非保定架中随意进行,最好选用护蹄专用架进行保定。

(2)季节的选择:选择气候适宜的春秋季进行修蹄。夏季气候炎热,是蹄病的高发季节,对牛只修蹄相当不妥,严重时会导致种牛的淘汰或死亡。如果削蹄选择在仲春初秋两次进行,可以减少夏季蹄病的发病率,又可以在初秋对夏季蹄患牛只进行及时处理。

(3)损伤后处理要及时:削蹄时一旦出现趾蹄损伤,一定要及时处理,否则发生继发感染,治疗起来不仅比较困难,而且愈后不能确定。避免双侧趾蹄受损,一旦发现一侧受损,另一侧在处理时一定要倍加小心,或者只稍稍护理一下,等患趾创伤愈合后再处理。双侧都受损严重,一般愈后多不良。对蹄底陈旧伤口的腐烂处合理扩创,洗净污物及腐烂组织;用3%双氧水溶液消毒、擦干、涂布10%碘酊、土霉素粉填塞创口,然后用蹄绷带包扎,外用松馏油涂擦;全身治疗:为防止继发感染,出现全身症状,建议用青霉素800万单位、链霉素800万单位肌肉注射,每日2次,连用数天。

(4)削蹄要适当:削蹄宁轻勿重,对于一次不能校正的趾蹄,可以多修几次。切勿想一次完成,而造成削蹄过度或造成新的蹄伤。

7. 犊牛饲养管理

(1)新生期的饲养:犊牛出生后7天内为新生期,也称初生期。新生期是决定犊牛能否存活的关键时期,因而又称为初生关,及时喂给初乳是最主要措施。初乳中各种成分的含量及酸度是随时间而逐渐降低的，最初分泌时最高，而且犊牛吸收抗体的能力以初生时最强。

（2）新生期后的饲养：新生期后是由真胃消化向复胃消化转化，由饲喂奶品向饲喂草料过渡的一个重要时期。此阶段犊牛的可塑性很大，是培育优秀母牛的关键时期。

早期补饲草料，即喂饲植物性饲料，是为了锻炼消化器官，尤其是瘤胃。从犊牛生后1周开始就应给予优质干草，任其自由咀嚼，练习采食。同时开始训练犊牛吃精料，即犊牛料。初喂时可涂抹于犊牛口中，尽快适应精料。一般出生后3周开始，就可以向犊牛料中加入切碎的胡萝卜等多汁料。青贮料从2月龄开始喂给（青贮料本身酸度高，会影响刚刚形成的瘤胃微生物区系）。由于犊牛生长发育快，营养需要多，而消化机能弱，所以应供给营养浓度高、适口性好、易消化吸收的饲料，兼顾生长发育与消化器官锻炼的需要。

（3）初生犊牛的护理：犊牛出生后，首先清除口及鼻部的黏液，以免妨碍呼吸；擦拭其体躯上的黏液，并将它放在母牛前面，让母牛舔干。分娩时病原微生物感染的门户是脐带，脐带直到分娩前一直是补给营养的路径。脐带直接与内脏（肝脏和膀胱）相连，分娩时脐带一断，还不能马上完全闭合，内脏就处于开放状态，病原微生物就会由此进入。所以，犊牛生后一定要处理好脐

带，如脐带已断裂，可在断端用5%碘酊充分消毒；未断时可在距腹部6～8厘米处用消毒剪刀剪断，充分消毒。

(4)犊牛舍卫生管理：犊牛生后2周内极易患病(肺炎和下痢)，与牛舍卫生有很大关系。犊牛舍要做到定期消毒，保持舍内空气新鲜，温、湿度适宜，阳光充足，犊牛才能健康生长。

(5)运动与光照：运动对犊牛的骨骼、肌肉、循环系统、呼吸系统等都会产生深远影响。一般犊牛生后10天就要驱赶至运动场，每天进行0.5～1小时运动，1月龄后增至2小时，分上午、下午2次进行。如果后备牛的运动不足而精料又过多，就容易发胖，体短、肉厚、个子小，早熟早衰，减少利用年限。光照可增加淋巴球吞噬细胞的数量与活性，可增强白血球的吞噬作用，增强犊牛抗病力；光照还可提高犊牛的生产性能，日增重10%～17%。

(6)皮肤卫生：要坚持每天给犊牛刷拭皮肤，可起到按摩作用，能促进皮肤血液循环，增强代谢作用，提高饲料转化率，有利于生长发育。刷拭还可保持牛体清洁，防止体表寄生虫滋生和养成犊牛温顺的性格。

(7)调教管理：做好犊牛的调教管理工作，从小养成温顺的性格，无论对于育种工作，还是成年后的饲养管理与利用都很有利。

8. 青年牛饲养管理

青年牛是指生后半年到产犊前的母牛或24月龄的公牛，青年牛是犊牛培育的继续，青年牛阶段在体形、体重、生产性能及适应性的培育上比犊牛期更为重要。如果此期培育措施不得力，那么达到配种体重的年龄就会推迟，进而推迟了初次产犊的年龄；如果按预定年龄配种，可能导致终生体重特别是某些体尺和器官（如乳房）生长不足。

（1）半岁至1岁：此期青年牛生长最快，性器官和第二性征的发育很快，体躯向高度和长度方面急剧生长。前胃经过了犊牛期植物性饲料的锻炼，具有了一定的容积和消化青粗饲料的能力，但还需要进一步锻炼。此期所喂给的饲料，除了优良的青粗料外，还必须适当补充一些精饲料。一般日粮中的干物质平均75%来源于青粗饲料，25%来源于精饲料。

（2）12月龄至初配（平均15月龄）：肉牛理想的配种期是14~16月龄。此阶段青年母牛消化器官容积更大，消化能力更强，生长渐渐进入递减阶段，无妊娠负担，更无产奶负担，因此，此期日粮仍应以优质青粗料为主，降低精料比例15%。

（3）初次妊娠至初产：每牛初孕至怀孕前6~7个月的采食量和瘤胃消化能力，都比12~15月龄有所增强，日喂1千克精料，自由采食饲喂优质青干草和青贮

饲料，即可满足需要。每牛怀孕最后2～3个月营养需要大大增加，精饲料逐渐增加到3～4千克，自由采食饲喂优质青干草和青贮饲料。初孕牛在临产前两周转入产房饲养，饲养管理与成年牛围产期相同，钙的喂量要降低。

总之，后备牛要以优质青粗料为主，特别要注意供给优质干草，并适当补饲精料，兼顾生长发育和消化器官锻炼的营养需要。犊牛转入青年牛舍时，要实行公母分群，通槽系留饲养。

八、肉牛场建设

1. 肉牛场选址

牛场选址要周密考虑、统筹安排和长远规划。

(1)牛场应建在地势高，背风向阳，空气流通，土质适合(以沙土为好)，地下水位较低，具有缓坡的北高南低、总体平坦的地方。低洼下湿、山顶风口处不宜修建牛舍。

(2)牛场选址要距离饲料生产基地和放牧地较近，交通发达，供水、供电方便。

(3)牛场距离主要交通要道、村镇、工厂 500 米以外，一般交通道路 200 米以外。要避开污染养殖场的屠宰、加工和工矿企业，符合兽医卫生和环境卫生要求。

(4)要有充足、符合卫生要求的水源，保证生产生活及人、畜饮水。水质良好，不含毒物，确保人畜安全和健康。

2. 肉牛场布局

牛场的规划和布局应遵循因地制宜和科学管理的原则，以整齐、紧凑，提高土地利用率和节约基建投资，经济耐用，有利于生产管理和防疫、安全为目标。

(1)牛场场区的规划：要建立最佳生产联系和环境卫生防疫条件，合理安排各区位置，考虑地势和主风方向进行合理分区。一般牛场按功能分为生产区、管理区、职工生活区。

①生产区：饲养生产区是牛场的核心，规划布局应全面细致考虑。牛场经营如果是单一或专业化生产，饲料、牛舍以及附属设施也比较单一。根据肉牛的生理特点进行合群、分舍饲养，并按群设置运动场。饲料的供应、贮存、加工调制是牛场的重要组成部分，与饲料运输有关的建筑物应建在地势较高处并保证防疫卫生安全，兼顾饲料由场外运入，运到牛舍进行分发这两个环节。

②管理区：在规划管理区时，应有效利用原有的道路和输电线路，充分考虑饲料和生产资料的供应、产品的销售等。奶、肉制品加工制作应独立组成，不应设在饲料生产区内。为防止疫病传播，场外运输车辆(包括牲畜)严禁进入生产区。汽车库应设在管理区。除饲料以外，其他仓库也应设在管理区。管理区与生产区应加以隔离，外来人员只能在管理区活动，不得进入生产区。

③职工生活区：职工生活区（包括居民点）应设在全场上风向和地势较高处，依次为生产管理区、饲养生产区。牛场产生的不良气味、噪音、粪便和污水不致因风向与地表径流而污染居民生活环境，也可预防人畜共患疫病。

（2）生产配套规划设施：

①防疫设施：为了加强防疫，首先场界划分应明确，在四周建围墙、挖沟壕、种树，防止场外人员与其他动物进入场区。牛场生产区大门、各牛舍的进出口处应设脚踏消毒池，大门进口设车辆消毒池，并设有人的脚踏消毒池（槽）、喷雾消毒室、更衣换鞋间。如果在消毒室设紫外线杀菌灯，照射时间为3～5分钟。

②运动场：运动场应背风向阳，一般设在牛舍之间或两侧。如受地形限制，也可设在场内比较开阔的地方。运动场既要保证牛的活动休息，又要节约用地，一般为牛舍建筑面积的3～4倍。运动场围栏用钢筋混凝土立柱式铁管。立柱间距3米一根，立柱高度为1.3～1.4米，横梁3～4根。按50～100头设饮水槽，规格为5米×1.5米×0.8米（两侧饮水）。水槽两侧为混凝土地面。为了夏季防暑，凉棚长轴应为东西向，并采用隔热性能好的棚顶。一般每头成乳青年、育成牛凉棚面积为3～4米^2。另外，可借助运动场四周植树遮阴，凉棚内地面要用三合土填实，经常保持20～30厘米

厚的沙土垫层。

3. 牛舍建造原则

牛舍应建在场内生产区中心，尽可能缩短运输路线。修建数栋牛舍时坐北向南，采用长轴平行配置，以利于采光、防风、保温。牛舍超过4栋时，可两栋并列配置、前后对齐，相距10米以上。牛舍内设置牛床、牛槽、粪尿沟、通行道、工作室或值班室。牛舍前应有运动场，内设自动饮水槽、凉棚和饲槽等。牛舍四周和道路两旁应绿化，以调节小气候。国内常见的牛舍有拴系式和散放式。

(1)拴系式育肥牛舍：拴系式牛舍亦称常规牛舍，每头牛都用链绳或牛颈枷固定拴系于食槽或栏杆上，限制活动；每头牛都有固定的槽位和牛床，互不干扰，便于饲喂和个体观察。缺点是饲养管理比较麻烦，上下槽、牛系放工作量大，有时也不太安全。当前也有的采取肉牛进厩以后不再出栏，饲喂、休息都在牛床上，一直育肥到出栏体重的饲喂方式，减少了许多操作上的麻烦，管理也比较安全。如能很好地解决牛舍内通风、光照、卫生等问题，是值得推广的一种饲养方式。

(2)围栏育肥牛舍：围栏育肥牛是育肥牛在牛舍内不拴系，高密度散放饲养，自由采食、自由饮水。牛舍采用多位开放式或棚舍，并与围栏相结合使用。

4. 肉牛场附属设施

(1)地磅:规模较大的肉牛场应设地磅,以便对运料车和出栏肉牛进行称重等。

(2)堆肥场:养殖规模不大的肉牛场,可不设堆肥场,直接把粪便运往田间或其他地方。有一定规模的肉牛场必须建设堆肥场,一般是用混凝土砌成。堆肥场的面积根据肉牛场规模来定,一般是每头牛需5~6米^2。

(3)凉棚:在炎热的夏季,运动场活动的牛易中暑,在运动场周围可建设凉棚和栽种树木。

(4)赶牛和装卸用场地:牛在平时是非常温顺的,一旦发怒就无法控制,所以,在修建牛舍时必须留出一块用来赶牛和装卸用场地。即圈出一块地,用2层围栅围好,赶牛、圈牛就方便得多。运动场狭小时,可以用梯架将牛赶至角落再牵捉。用1米长的八号铁丝顶端围一圆圈,钩住牛的鼻环,再捉就容易了。使用卡车装运牛时需要装卸场地。在靠近卡车的一侧堆土坡,便于往车上赶牛。运送牛多时,应设一个高1.60米、长2米左右的围栅,把牛装入栅内向别处运送很方便。这种围栅也可放在运动场出入口处,将一端封堵,将牛赶入其中即可抓住,适合于大规模饲养。另外,在不带运动场的牛舍要把牛拴起来,使其运动。公牛舍应设伞式运动架,强制公牛运动。

5. 牛舍和运动场建设

(1)牛舍:按开放程度,分为全开放式牛舍、半开放式牛舍和封闭式牛舍。全开放式牛舍外围护栏结构全开放,结构简单,无墙,柱、梁、顶棚结构坚固;半开放式牛舍三面有墙,向阳一面敞开,有顶棚,在敞开一侧设有围栏,牛舍的敞开部分在冬季可以遮拦封闭;封闭式牛舍有四壁、屋顶,留有门窗。

按屋顶结构,牛舍分为钟楼式、半钟楼式、双坡式和单坡式等。按舍内的排列方式,牛舍分为单列式、双列式等。一般单列式内径跨度4.5~5米;双列式内径跨度9~10米,采用对头式饲养。

牛舍的建筑结构必须因地制宜,依据当地的气候、地理条件和建筑材料设计,但要防止过于简陋,而造成卫生条件差。

①基础:应有足够强度和稳定性,坚固,防止地基下沉,塌陷和建筑物发生裂缝倾斜,具备良好的清粪排污系统。

②墙体:墙体起隔离外界、隔热、保暖作用。砖墙厚24厘米,双坡式脊高4~5米,前后缘高3~3.5米,牛舍内墙下部设有墙围,防止水气渗入墙体。墙体要有坚固性、保温性,还要易清洗。

③屋顶:能防止雨水、风沙侵入,隔绝太阳能辐射。要求质轻,坚固耐用、防水、防火、隔热保温,能抵抗雨

雪、强风等,还要有一定的坡度,以利于排除积水。

④地面:牛舍的地面应高于舍外地面,多为混凝土地面,在牛床和通道上应画线防滑。便于清洗消毒,具有良好的清粪排污系统。牛床地面向粪尿沟有0.5% ~1%的倾斜。

⑤牛床:牛床地面应结实、防滑,易于冲刷,并向粪沟有1.5%的倾斜。牛床要舒适,母牛可采用垫料、锯末、碎秸秆、橡胶垫层;育肥牛可采用水泥地面或竖砖铺设,也可使用橡胶垫层或木质垫板(表3)。

表3　　牛床面积设计参数　　(单位:米,米^2)

类别	每头牛		分栏饲养或散栏饲养	
	长	宽	每栏头数	每头牛面积
成牛母牛	1.60 ~1.80	1.10 ~1.20	—	—
围产期牛	1.80 ~2	1.20 ~1.25	—	—
育肥牛	1.80 ~1.90	1.10	10 ~20	4 ~6
育成牛	1.50 ~1.60	1.00 ~1.10	—	—
犊牛	1.20	0.90	—	—

⑥门窗:牛舍门高不低于2米,宽2.2 ~2.4米,坐北朝南,东西门对着中央通道,100头肉牛的牛舍通到运动场的门不少于2个。若使用TMR车饲喂,则门高最低3.5米,门宽3.5 ~4米。窗户能满足良好的通风换气和采光条件。采光面积成年母牛为1∶12,育成牛为

1∶12～1∶14，犊牛1∶14。一般窗户宽 1.5～3 米，高 1.2～2.4 米，窗台距地面 1.2 米。

（2）运动场：每头成年母牛占用面积 20～25 米^2，育成母牛 15～20 米^2，犊牛 8～10 米^2。运动场可按 50～100 头的规模用围栏分成小的区域。运动场面积为每头牛 10 米^2 即可。

①饮水槽：在运动场边设饮水槽，槽深 60 厘米，水深不超过 40 厘米，保持饮水新鲜、清洁。

②地面：地面平坦、中央高，向四周方向有一定的缓坡，周围设有排水沟。运动场的地面最好用三合土夯实，也可以用混凝土地面，但这种地面夏天热辐射大，冬天冰冷。因此，运动场可以建设成一半水泥地面，一半三合土地面，中间隔开。为了更好地保护土质地面的运动场，下雨天关闭，晴天开放。

③围栏：运动场周围设有高 1～1.2 米围栏，栏柱间隔 1.5 米，可用钢管或水泥柱建造，要求结实耐用。

④凉棚：凉棚面积按成年母牛 4～5 米^2，青年牛、育成牛 3～4 米^2 计算，坐北朝南，棚顶应隔热防雨。

九、肉牛疾病防治

1. 肉牛场防疫原则

遵照“预防为主”、“自繁自养”的原则，防止疫病的传入。加强牛群的科学饲养、合理生产，增强抵抗力。认真执行计划免疫，定期预防接种。对主要疫病进行疫情监测，遵循“早、快、严、小”原则，及早发现、及时处理。采取严格的综合性防治措施，迅速扑灭疫情，防止疫情扩散。对肉牛场除要做到监控和防治疫病外，还要加强肉牛的保健工作。

(1)场址的选择：牛场应地势高燥、水源充足、交通方便，远离人群和工厂，距离交通要道500米左右。

(2)场内布局和要求：生产区和办公区要严格分开，场门、生产区入口处应设置消毒池；粪场、病牛舍、兽医室应设在牛舍的下风向处；牛场内不养猫、狗、鸡、鸭等。患结核和布氏杆菌病的人不准入场喂牛。

(3)建立经常性消毒制度：场门、生产区入口处消

毒池内的药液(2%的氢氧化钠溶液)要经常更换，保持有效浓度。车辆、人员都要从消毒池经过，牛舍内要经常保持卫生整洁、通风良好。厩床每天要打扫干净，牛舍每个月消毒一次，每年春秋两季各进行一次大消毒。常用消毒药物有10%～20%生石灰乳，2%～5%烧碱溶液，0.5%～1%过氧乙酸溶液，3%甲醛溶液或1%高锰酸钾溶液。转群或出栏净场后，要对整个牛舍和用具进行一次全面彻底的消毒，方可进牛。

(4)建立系统的防疫、驱虫制度：兽医人员应每天深入牛群，仔细观察，做好记录；从外地引进的牛要进行检疫和驱虫后再并群；按照牛的免疫程序，定期准时免疫；谢绝无关人员进场，不从疫区购买草料和畜禽，工作人员进入生产区需更换工作服。饲养人员不得相互使用其他牛舍的用具及设备。牛场内应消灭老鼠及蚊蝇。一般是每年春秋两季各进行一次全牛群的驱虫，平常结合转群时实施，育肥牛在育肥前要驱虫。

(5)搞好日常饲养管理：按肉牛的品种、性别、年龄分群饲养，根据不同群体、不同阶段制定饲养标准，不得随意更改，防止发生营养缺乏症和胃肠病。母牛饲养管理分为空怀、妊娠、泌乳三阶段。经常刷拭牛体，冬天防寒、夏季防暑，保证牛适当运动。日常饮水应清洁卫生充足。怀孕母牛、刚产犊的母牛饮温水，预防流产与产后疾病。饲草、饲料干净、切碎，无残留农药及杂质，禁止饲喂有毒、霉变的草料。母牛怀孕后期，禁止饲喂棉籽饼、菜籽饼、酒糟等。母牛临产期注意日粮中钙、磷比，防止产后疾病。犊牛出生后，应尽早吃到初乳。犊牛断奶时，代乳料应逐步增加，防止腹泻。母牛产前8～10天，刷拭后转入消毒过的产房。临产前用1%高锰酸钾溶液清洗母牛的后躯、乳房、外阴；产后用温水洗净血污，保持后躯、乳房清洁。

（6）及时隔离疑似病牛：对传染病及时诊断，必要时进行临时检疫。根据检疫结果，将该牛群分为患病、疑似感染和假定健康三类。患病牛和疑似感染分别进行隔离。对假定健康牛进行紧急预防接种；病牛隔离治疗或屠宰淘汰；可疑牛进行紧急预防接种或治疗，一段时间后不再发病可解除隔离。屠宰后的病牛、肉、内脏及污物应焚埋或进行无害化处理后再利用。屠宰后的场地、用具必须进行严格消毒。被病牛及疑似感染牛污染的场地及用具都必须严格消毒或焚烧处理。

（7）终末大消毒：传染病扑灭后及疫区解除封锁前，进行一次终末大消毒。先将牛舍及运动场清扫干净或铲去表层土壤，然后再喷洒消毒药液，用药量根据地面和墙壁的结构适当增减。

（8）牛粪处理：贮粪场的牛粪中常含有大量细菌及虫卵，可掺入消毒药，或采用疏松堆积发酵法，高温杀灭病菌和虫卵。

2. 肉牛场防疫注意事项

(1)隔离:将牛群控制在有利于防疫和生产管理的范围内进行饲养,是基本防疫措施之一。

(2)排污和污水净化:设在便于设防的地区,同时远离其他动物饲养厂及其畜产品加工厂,有一个相对安全的生物环境。

(3)场内布局:牛场按功能划分为生产区、生活区、管理区。生活区建在生产区的上风口,管理区在生产区的下风口。生产区内不同牛应分开饲养,牛舍间距不低于30米。

(4)隔离设施:场区外围应根据具体条件使用隔离网、隔离墙、防疫沟等,建立隔离带。生产区只设立一个供生产人员及车辆出入的大门,一个专供装卸牛的装牛台。设立粪便的收集外运和引进牛的隔离检疫舍。在生产区下风口,设立病牛隔离治疗舍及处理设施等。

(5)"全进全出"生产:从防疫要求出发,分批次安排牛的生产。"全进全出"可以有效切断疫病传播途径,防止病原微生物在牛群中连续感染、交叉感染,也为控制和净化疫病奠定了基础。

(6)隔离制度:包括本场工作人员、车辆出入的管理要求;外来车辆人员进入场的隔离规定;场内牛群流动、牛出入生产区的要求;生产区内人员流动,工具使用的要求;粪便的管理;场内禁养其他动物及携带动物,动物产品进场的要求;患病牛和新购入牛的隔离要求等。

(7)消毒:采用现代化物理化学或生物手段杀灭和降低生产环境中病原体,目的是切断传播途径和预防传染病,是基本防疫措施之一。

(8)杀虫灭鼠:杀灭牛场的有害昆虫和老鼠,是切断传播途径和消灭传染源的有效措施。

(9)免疫接种:使用疫(菌)苗等各种生物制剂,日常有计划地进行预防接种,或疫病发生早期对牛群进行紧急免疫接种。免疲接种是规模化肉牛场综合防疫体系中的重要环节,也是构建肉牛业生物安全体系的有效措施之一。

(10)驱虫:在规模化饲养条件下,对驱虫工作应重视。伊维菌素、阿维菌素是新的大环内酯类抗生素驱虫药,对肠道内寄生线虫以及疥螨等外寄生虫有较好的驱杀效果。选择最佳驱虫药物、驱虫时间,制定驱虫计划,以及用药前和驱虫过程中加强牛舍环境中的灭虫(虫卵),防止重复感染。吸虫每年春、秋各1次;绦虫每年2次,在6~7月和11月入冬前;线虫每年2~3次,一般放牧前和收牧后2次,纯舍饲的每年春、秋2次;外寄生虫每年1~2次。

(11)检疫与疫病监测:对牛群的健康状况定期检

查，对牛群的日常生产状况收集分析，监测各类疫情和防疫效果，对牛群的健康水平综合评估，对疫病进行预报预测。

(12)日常诊疗与疫情扑灭：兽医技术人员应每日巡视牛群，及时发现病例。对内科、外科、产科等非传染性疾病的单个病例，有价值及时治疗，否则淘汰。对怀疑或已确诊的多发性传染病牛，及时治疗和控制，防止扩散。烈性传染病进行扑杀、封锁、消毒，同时上报疫情。

(13)兽医技术人员要求：30 头牛以下(包括30 头)需兽医技术人员 1 名；30 ~ 100 头牛需 2 名；100 ~ 300 头牛需 3 名；300 ~ 500 头牛需 5 名。

(14)牛场兽医室的建立：兽医室须建有治疗室、化验室(包括隔离工作间)和药房。治疗室要有地磅、四柱栏、兽用听诊器、投胃导管、普通外科和产科器械一套、急救药箱以及消毒桶；化验室起码要有显微镜、超净工作台、高压灭菌器、紫外线灯、低速离心机、抗体监测试剂盒、冰箱以及常规实验室用品；药房要有常用治疗药物的针剂、片剂、粉剂和消毒药，有条件的配备中草药。

3. 做好肉牛场的消毒工作

肉牛场的消毒分为常规消毒、空气消毒和紧急

消毒。

(1)常规消毒:

①生产区大门有消毒池和消毒室。外来车辆为防止将病原菌带入生产区,外来车辆必须经过消毒池,消毒池长5米、宽3米、深0.3米,内放2%氢氧化钠或10%石灰乳或5%漂白粉。消毒液应定期更换,每20~30天更换一次,以保证药效。冬季可改为喷雾消毒,消毒液为0.5%百毒杀或次氯酸钠,重点消毒车轮部位。

②牛场应备有专门消毒服、帽及胶鞋、紫外线消毒间、喷淋消毒和消毒通道。紫外线消毒间安装紫外线消毒灯,每平方米空间不少于1.5瓦,高度1.8~2.2米。牛场人员在紫外线消毒间更换衣服、帽及胶鞋后,进入专门消毒鞋底的消毒通道,通道地面铺设草垫后塑料胶垫,内加0.5%次氯酸钠,消毒液的量以能浸过鞋底为准。有条件的最好在进入生产区前做一次体表喷雾消毒,所用药液为0.1%百毒杀。

③要定期对栏舍和道路消毒。首先彻底清扫道路、栏舍内外和饲槽,然后用消毒液喷洒地面和栏杆,用2%~3%氢氧化钠溶液将饲槽、地面等处均匀喷湿,消毒后要用水冲洗干净,才可让牛只进入牛舍。

④牛舍要保持良好的通风。通风不畅的应装上排气扇,以保持牛舍空气的干燥清新。充足的光照不仅使

牛舍温暖舒适,同时也能起到杀菌消毒的作用。

(2)空栏消毒:当牛群转出后,对牛舍进行一次全面清扫,彻底的消毒。消毒程序可分为清扫、高压水冲洗、火焰消毒熏蒸、通风,空置7天后再转入牛群。

(3)紧急消毒:当牛群发生传染病时,将病牛隔离,对牛舍用2%~4%火碱喷洒,或用生石灰泼洒地面;粪便中应加入生石灰后用密闭编织袋清除;死亡病牛应深埋或焚烧处理;运送病死牛的工具要用高效消毒药水冲洗或浸泡;病牛舍用高效消毒药水消毒。

4. 牛场常用的消毒剂

牛场常用的消毒剂,主要有火碱、生石灰、百毒杀、过氧化氢溶液、甲醛、高锰酸钾、漂白粉、新洁尔灭等。

(1)火碱:配置成2%~5%水溶液,用于喷洒牛舍、饲槽和运输工具等,以及用于进出口消毒池的消毒。牛舍消毒后要用水冲洗,方可让牛入舍。5%火碱溶液用于炭疽芽孢污染的场地消毒。

(2)石灰乳:消毒时,取一定量的生石灰缓慢加水搅拌,配成10%~20%石灰乳混悬液,用于涂刷消毒圈舍、墙壁和地面。

(3)漂白粉:新制的漂白粉含有效氯25%~30%,保存时应装入密闭、干燥容器中,10%~20%乳剂常用于牛舍、环境和排泄物消毒;1立方米水中加入漂白粉

5～10克,可作饮用水消毒,现配先用。

(4)甲醛:污染较轻的空间,通常按每立方米10克高锰酸钾加入20毫升福尔马林,进行熏蒸消毒;如果污染严重,则常将上述两种药品的用量增加1倍。熏蒸消毒时,可先在容器中加入高锰酸钾后,再加入福尔马林溶液,密闭门窗7小时以上,便可达到消毒目的。然后敞开门窗通风换气,消除残余的气味。

(5)高锰酸钾:加热、加酸或碱均能放出初生态氧,具有现杀菌、杀毒、除臭和解毒等作用,但高浓度时会出现刺激和腐蚀作用。0.1%水溶液能杀死多数细菌,2%～5%溶液能杀死细菌芽孢。0.01%～0.05%水溶液用于中毒时洗胃,0.1%水溶液外用冲洗黏膜及创伤、溃疡等,需要现用现配。

(6)过氧化氢溶液:1%～3%溶液用于清洗脓创面,0.3%～1%溶液用于冲洗口腔黏膜。

(7)碘制剂:5%碘酊用于手术部位及注射部位消毒;10%浓碘酊为皮肤刺激药,用于慢性腱鞘炎、关节炎等;复方碘溶液用于治疗皮肤黏膜炎症;5%碘甘油治疗黏膜的各种炎症。

(8)新洁尔灭:0.1%水溶液用于浸泡器械、玻璃、搪瓷、橡胶制品及皮肤消毒,0.15%～2%水溶液用于牛舍喷雾消毒。

(9)乙醇:70%乙醇可用于牛的蹄部、皮肤、注射针头及小件医疗器械等消毒。

5. 肉牛常用疫苗

肉牛常用疫苗主要有灭活疫苗和弱毒疫苗两大类,又可分为单价苗、二价苗、多价苗和联合苗等。

(1) 无毒炭疽芽孢苗:1 岁以上肉牛皮下注射 1 毫升,1 岁以下 0.5 毫升,贮存于 2 ~8℃干燥冷暗处,有效期 2 年。注射后 14 天产生坚强免疫力,免疫期 1 年。

(2)牛气肿疽灭活疫苗:牛气肿疽病不论大小均皮下注射 5 毫升,雏牛满 6 个月时再注射 1 次。保存在 2 ~8℃干燥冷暗处,有效期 2 年。注射后 14 天产生坚强免疫力,免疫期 1 年。

(3)牛巴氏杆菌病(出血性败血症)灭活疫苗:牛患巴氏杆菌病(牛出血性败血症),体重 100 千克以下皮下或肌肉注射 4 毫升,100 千克以上 6 毫升。保存在 2 ~8℃干燥冷暗处,有效期 1 年。注射后 21 天产生免疫力,免疫期 9 个月。

(4)布鲁杆菌 19 号活菌苗:牛患布鲁杆菌病,6 ~8 月龄皮下注射 5 毫升。湿苗 2 ~8℃有效期 45 天,冻干苗 0 ~8℃有效期 1 年。注射后 1 个月产生免疫力,免疫期 6 ~7 年。

(5)布鲁杆菌猪型 2 号弱毒疫苗:牛患布鲁杆菌病,皮下或肌肉注射 5 毫升。液体苗 0 ~8℃有效期 45

天，冻干苗0～8℃有效期1年。免疫期1年。

(6)布鲁杆菌羊型5号苗：牛患布鲁杆菌病，皮下或肌肉注射2.5毫升，气雾免疫时每头牛室内量为250亿活菌(25毫升)。2～8℃有效期1年。免疫期1年。

(7)破伤风明矾沉淀类毒素：牛患破伤风，成年牛1毫升，1岁以下0.5毫升，颈中央上1/3处皮下注射。保存在2～8℃冷暗处，有效期3年。注射后1个月产生免疫力，免疫期1年。

(8)魏氏梭菌联合苗：牛肉毒梭菌中毒，皮下注射1.5～2毫升。2～8℃有效期1年。注射后15天产生免疫力，免疫期6个月。

(9)肉毒梭菌(C型)灭活苗：牛肉毒梭菌中毒，皮下注射，常规苗每头10毫升，透析苗每头2.5毫升。2～8℃有效期3年，不可冻结。免疫期1年。

(10)牛口蹄疫O型灭活疫苗：牛患O型口蹄疫肌肉注射，12月龄以内每头注射2毫升，24月龄以上每头注射3毫升。2～8℃避光保存，有效期1年，不可冻结。免疫期6个月。

(11)牛亚洲Ⅰ型口蹄疫灭活疫苗：牛患亚洲Ⅰ型口蹄疫，肌肉注射，成年牛每头3毫升，犊牛每头2毫升，5月龄以下犊牛不注射。2～8℃避光保存，有效期1年，不可冻结。注射后21天产生免疫力，免疫期6个月。

(12)牛流行热灭活疫苗:牛患流行热,成年牛4毫升,6月龄以下犊牛2毫升,颈部皮下注射(3周后再注射一次)。2~8℃有效期4个月。注射后15天产生免疫力,免疫期6个月。

6. 牛病的诊断方法

临床上主要通过视诊、叩诊、听诊、触诊等搜集症状,诊断疾病。

(1)视诊:是指直接观察地或借助器械间接观察病牛整体或局部的诊断方法。

(2)听诊:主要听胃、肠的蠕动音和心跳音。

(3)触诊:对组织器官进行触压和感觉,以判断病理变化,如牛的体表、内脏器官的状态,皮肤肿胀性质等。

(4)叩诊:是指用叩诊锤或手指扣打动物体表,判断被组织器官的病理变化,也可理解为变相触诊。包括表在体腔、含气器官、实质器官等。

(5)牛的生理指标:体温、脉搏、呼吸是肉牛重要的生理指标,是衡量肉牛是否健康的最直观标准(表4)。

表4　肉牛体温、脉搏、呼吸数正常范围值

项目	犊牛	成年牛
体温(℃)	38.5~39.5	39.0~39.3
呼吸(次/分)	10~30	10~30
脉搏(次/分)	80~120	40~80

另外，日常还要留心肉牛的“吃、喝、拉、撒、行”等，如出现精神过度兴奋或精神沉郁，反刍减少或停滞，流鼻涕或咳嗽，鼻镜干燥，运动出现跛行，粪便干燥或太稀，尿量少或颜色变红等情况，可怀疑生病了。

7. 肉牛传染病的分类

按照《中华人民共和国动物防疫法》，动物疫病（包括重大传染病与寄生虫病）可分为三类。

（1）一类疫病：如口蹄疫、蓝舌病、牛海绵状脑病。

（2）二类疫病：如结核病、布鲁杆菌病、炭疽、传染性鼻气管炎、产气荚膜梭菌病、副结核病、白血病、出血性败血病、梨形虫病（旧称牛焦虫病）、锥虫病、日本血吸虫病。

（3）三类动物疫病：如流行热、病毒性腹泻、黏膜病、生殖器弯曲杆菌病、毛滴虫病、皮蝇蛆病。

8. 牛病传播途径

牛病传播途径指病原体由传染源（病牛）排出后，经过一定的方式再侵入其他易感牛的途径。

（1）经空气传播：由于牛群密集饲养，通风不良，病原体可通过病牛咳嗽或呼吸飞沫传染，再造成尘埃传染。呼吸道传染以冬、春季节多见，如牛传染性鼻气管炎、牛肺疫、牛流行性感冒等。

（2）经污染的饲料和饮水传播：通过消化道传播，

当病牛分泌物、排泄物、尸体污染了水源、饲料或饮水卫生不良，饲料霉烂变质，而被其他牛食入，就会造成许多传染病、寄生虫病和中毒性疾病，所以防止饲料污染、注意饮水卫生有十分重要的意义。

(3)经被毛、皮屑传播：有些病原体可存在于病牛的被毛囊或皮屑中，并且对外界环境有较强的抵抗力，往往可存活数月，一旦落在牛舍的角缝中，消毒药液达不到，就存在传播机会。

(4)经设备用具传播：一些中小型牛场常会发生，如几个牛群共用一套清洁工具，对饲料袋、运输车辆等不经消毒，在场内外反复使用，成为许多疾病传播的工具。

(5)经牛混群传播：有些牛病犊牛易感，可引起流行；成年牛则有耐受性，或许通过免疫接种而具有一定的抵抗力，不表现出明显的临诊症状，但可成为带菌者、带毒者或带虫者，一旦与犊牛混养，往往暴发疾病。

(6)经活的媒介传播：如鼠、猫、犬及蚊、蝇等，以至人类都会成为机械性病源。

(7)经饲养人员、兽医工作者、外来人员或参观者传播。

9. 结核病和布氏杆菌病的筛查

结核病和布鲁杆菌病是人畜共患且能互相传染的

慢性传染病。人患病后,病程长,反复发作,经久不愈,严重者丧失劳动能力。肉牛患病则体质瘦弱,生产性能下降,繁殖力减退,寿命短,造成严重的经济损失。

(1)建立定期检疫制度,及时发现传染源。

①初生犊牛,20~30日龄用结核菌素皮内注射法进行第一次检疫,100~120日龄进行第二次检疫,6月龄进行第三次检疫。疑似反应牛只,隔离后25~30日进行复检,如连续3次为疑似反应者,作阳性处理;如连续3次均为阴性反应者,方可转入健康牛群。

②从未进行过检疫和结核菌素阳性率在3%以上的牛群,用结核菌素皮下注射结合点眼的方法进行检疫,每年检疫4次以上。

③经过定期检疫,阳性率在3%以下的假定健康牛群和健康牛群,用结核菌素皮内注射法进行检疫。健康牛群每年检疫2次,假定健康牛群每年检疫4次。凡检出的阳性牛只立即转入到牛群。疑似反应牛,隔离后25~30日进行复检,复检为阳性的,立即转入病牛群;如3次处理均为疑似牛反应者,作阳性处理。

④如在健康牛群中(包括犊牛)检出阳性牛时,应在30~45日进行复检,连续3次检疫不再出现阳性反应牛时,仍认为是健康牛群。

⑤由外地引进健康牛时,必须进行“两病”检疫,呈

阴性反应牛方可引进。入场后，隔离、观察1个月以上，经“两病”检疫阴性反应牛，方可转入健康牛群。如发现阳性牛，立即转入病牛群；其余阴性牛只再做两次检疫，全部阴性时方可转入健康牛群。

⑥对场内工作人员和其他动物，每年定期进行2次体检。在健康牛舍发现“两病”的工作人员和动物，立即进行调换，动物驱逐出场。

⑦布鲁杆菌病每年至少检疫一次，采用血清凝集反应试管法进行检疫。牛群规模较大时，也可先用平板凝集反应进行筛选，阳性和疑似反牛再用试管法复检，凡检出的阳性牛只应立即处理；对疑似牛只必须进行复检，连续3次为疑似反应牛判为阳性。犊牛在80～90日龄时进行第一次检疫，4月龄进行第二次检疫，6月龄进行第三次检疫，均为阴性牛，方可转入健康牛群。

(2)严格隔离、封锁，防止疫病扩展。

(3)认真消毒，消灭外界环境中的病原体。

①定期性消毒：夏季5～7天消毒一次，冬季10～15天消毒一次。

对牛舍地面和粪尿沟，用5%～10%热火碱水或3%～5%来苏儿溶液洗刷。天棚和房屋立柱用来苏儿或甲醛水溶液喷雾。墙壁用20%石灰乳粉刷。

饲养管理用具、牛栏、牛床等用5%～10%火碱水或3%～5%甲醛水溶液进行洗刷，消毒后2～6小时，在牛只接触之前，对饲槽和牛床用清水冲洗干净；挤乳用具用1%火碱水洗刷，再用清水冲洗。

清扫运动场，铲除杂草，喷洒5%～10%火碱水或撒布生石灰进行消毒。

②经常性消毒：牛场和牛舍出入口处应设置消毒池，内置3%～5%火碱水或生石灰粉。消毒药应经常更换，每20～30天更换一次，以保证效果。

饲养管理用具应每10～15天消毒；牛舍应天天清扫，保证牛舍干净整洁。

③临时性消毒：牛群中检出结核病牛后或病牛群检出开放性结核牛扑杀后，有关牛舍、饲养管理用具和运动场须用10%火碱水、20%生石灰粉进行临时性消毒。布鲁杆菌病牛发生流产后，必须对流产物、污染的地点和用具用3%来苏儿或0.1%新洁而灭、0.2%甲醛进行彻底消毒。产房每个月用5%过氧乙酸进行一次大消毒，分娩室在运入临产牛前和分娩后用2%来苏儿各进行一次消毒。

(4)合理注射疫苗，提高牛只的特异免疫力。

①对于轻度感染布鲁杆菌的牛群，必须通过检疫、隔离、消毒、淘汰阳性反应牛，建立健康牛群。对于严重感染的牛群，如果一次淘汰所有阳性牛损失太大，或者虽属轻度感染的牛群，将阳性牛淘汰后，牛群仍受到传染危险者，对犊牛预防接种，作为保护措施。健康牛群或已将阳性牛全部淘汰且不受布鲁杆菌病威胁的牛群，可以不必接种疫苗。

②用于布鲁杆菌病的疫苗，目前有流产布氏杆菌19号弱毒活菌苗（简称19号菌苗）、马耳他布氏杆菌5号弱毒活菌苗（简称羊型5号苗）、猪布氏杆菌2号弱毒活菌苗（简称猪型2号苗）。

10. 肉牛用药限制

休药期是指从最后一次给药时起，到出栏屠宰时止。药物经排泄后，在体内各组织中的残留量不超过食品卫生标准。

肉牛饲养中兽药的使用参照中华人民共和国农业部颁布的《无公害食品肉牛饲养兽药使用准则》（表5）。

表5　肉牛饲养允许使用的抗寄生虫药、抗菌药和药物添加剂

类别	药品名称	制剂	用法与用量（以有效成分计）	休药期（天）
抗寄生虫药	阿苯达唑	片剂	内服，一次量10～15毫克/千克体重	27
	双甲脒	溶液	药浴、喷洒、涂擦，配成0.025%～0.5%的溶液	1
	伊维菌素	注射液	皮下注射，一次量0.2毫克/千克	35
	盐酸左旋咪唑	片剂	内服，一次量7.5毫克/千克体重	2

（续表）

类别	药品名称	制剂	用法与用量（以有效成分计）	休药期（天）
抗寄生虫药	旋咪唑	注射液	皮下，肌肉注射，一次量7.5毫克/千克体重	14
	青霉素钾（钠）	注射用粉针	肌肉注射，一次量1万~2万单位/千克体重，2~3次/天，连用2~3天	不少于28天
	恩诺沙星	注射液	肌肉注射，一次量2.5毫克/千克体重，1~2次/天，连用2~3天	14
	乳糖酸红霉素	注射用粉针	静脉注射，一次量3~5毫克/千克体重，2次/天，连用2~3天	21
	土霉素	注射液（长效）	肌肉注射，一次量10~20毫克/千克体重	28
	盐酸土霉素	注射用粉针	静脉注射，一次量5~10毫克/千克体重，2次/天，连用2~3天	19
	普鲁卡因青霉素	注射用粉针	肌肉注射，一次量1万~2万单位千克/体重，1次/天，连用2~3天	10

（续表）

类别	药品名称	制剂	用法与用量(以有效成分计)	休药期(天)
	硫酸链霉素	注射用粉针	肌肉注射,一次量10~15毫克/千克体重,2次/天,连用2~3天	14
	磺胺嘧啶	片剂	内服,一次量,首次量0.14~0.2克/千克体重,维持量0.07~0.1克/千克体重,2次/天,连用3~5天	8
	磺胺二甲氧嘧啶	片剂	内服,一次量,首次量0.14~0.2克/千克体重,维持量0.07~0.1克/千克体重,1~2次/天,连用3~5天	10
饲料药物添加剂	莫能菌素钠	预混剂	混饲,200~360毫克(头/天)	5
	硫酸黏菌素	预混剂	混饲,犊牛5~40克/吨饲料	7

肉牛养殖中,禁止使用性激素类、β-兴奋剂类,氯霉素及其制剂、安眠酮及其制剂、甲硝唑及制剂和氯化亚汞类杀虫剂等。

11. 肉牛常用药物的配伍禁忌

药物配伍禁忌是指两种及两种以上药物混合使用

或药物制成制剂时,发生体外的相互作用,出现药物中和、水解、破坏失效等理化反应,发生浑浊、沉淀、产生气体及变色等现象。

(1)青霉素G钾(钠):禁与四环素、土霉素、卡那霉素、庆大霉素、磺胺嘧啶钠、碳酸氢钠、维生素C、维生素B_1、去甲肾上腺素、阿托品、氯丙嗪等混合使用。

(2)氨苄青霉素:禁与卡那霉素、庆大霉素、氯霉素、盐酸氯丙嗪、碳酸氢钠、维生素C、维生素B_1、50%葡萄糖、葡萄糖生理盐水配伍使用;头孢菌素忌与氨基糖苷类抗生素如硫酸链霉素、硫酸卡那霉素、硫酸庆大霉素联合使用。

(3)磺胺嘧啶钠注射液:遇pH较低的酸性溶液易析出沉淀,除可与生理盐水、复方氯化钠注射液、硫酸镁注射液配伍外,与多种药物均为配伍禁忌。

(4)能量性药物:包括三磷酸腺苷二钠(ATP)、辅酶A(CoA)、细胞色素C、肌苷等注射液,禁与ATP、肌苷注射液配伍的药物有碳酸氢钠、氨茶碱注射液等;禁与CoA注射液配伍的药物有青霉素G钠(钾)、硫酸卡那霉素、碳酸氢钠、氨茶碱、葡萄糖酸钙、氢化可的松、地塞米松磷酸钠、止血敏、盐酸土霉素、盐酸四环素、盐酸普鲁卡因注射液等。

(5)肾上腺皮质激素类药物:临床常用的有氢化可的松注射液、地塞米松磷酸钠注射液,如果长期大量使

用会出现严重的不良反应,诱发或加重感染类肾上腺皮质功能亢进综合征,影响伤口愈合等。

12. 预防牛流行热

牛流行热是急性热性传染病,特征为高热和呼吸道炎症,以及因四肢关节疼痛而引起跛行。大部分牛取良性经过,2~3 日内恢复正常,故又称三日热或暂时热。

(1)病原:病原体为牛流行热病毒,耐冷不耐热。病毒主要存在于发热期的牛血液中,通过吸血昆虫叮咬皮肤交互感染,因此,本病多发于吸血昆虫流行的季节。

(2)流行特点:不同年龄、性别、品种的牛均易感染,以3~5岁黄牛最易感染。主要流行于蚊蝇多的季节,北方地区 8~10 月流行,南方地区 6~11 月流行。多雨潮湿易诱发本病。

(3)临床特征:潜伏期 3~7 天。病牛突然出现高热40℃以上,持续 2~3 天,精神委顿,肌肉震颤,皮毛逆立,结膜充血、水肿,流泪、畏光,眼角流出黏液脓性分泌物。呼吸急促,肺泡音、支气管音粗厉。病牛食欲废绝,反刍停止,粪便干燥。时有跛行或站立困难而卧倒。确诊需在发热初期采血,送检验单位进行病毒分离鉴定。

(4)鉴别诊断:

①呼吸型牛传染性鼻气管炎:多发于寒冷季节,以发热、流鼻汁、呼吸困难、咳嗽等上呼吸道和气管症状为

主,病原体为疱疹病毒。

②茨城病:该病除发热、流泪外,后期常出现舌、咽喉和食道麻痹的特殊症状。

③牛副流感病:多发于冬春寒冷季节,除呼吸道症状外,还可见乳房炎,但无跛行。病原体为一种副黏病毒。

④恶性卡他热:临床上除高热和全身虚弱外,还有口鼻黏膜充血、糜烂或形成溃疡,眼结膜炎症剧烈,双眼睑肿胀闭合,角膜浑浊、溃疡乃至失明。病原体为疱疹病毒。

(5)防治:加强环境消毒,消灭蚊蝇等吸血昆虫;加强饲养管理,恢复期注意调节胃肠功能,加强护理;在流行季节到来前注射牛流行热疫苗;对病牛立即隔离,尽快封锁牛场,防止扩大传播。

治疗无特效药,根据病情对症治疗。高热可注射复方氨基比林 20 ~ 40 毫升或安痛定 20 ~ 40 毫升等;呼吸困难可皮下注射尼可刹米 10 ~ 20 毫升;对四肢关节疼痛者可静脉注射 10% 水杨酸钠 200 ~ 300 毫升;对肺水肿者可静脉注射 20% 甘露醇 500 ~ 1 000 毫升;防止继发感染,可用青霉素(160 万单位)或链霉素(1 克/次)注射。

13. 防治肉牛支原体肺炎

牛的支原体性肺炎或称霉形体性肺炎,病原体有牛

霉形体、相异霉形体、牛鼻支原体和一种叫脲原体的微生物。主要是犊牛受到感染,成年牛只有少数发生。病牛是本病传染源,借咳嗽的飞沫传播。病原菌对外界各种因素的抵抗力不强,阳光直接照射和一般消毒剂都可将它杀灭。病牛体温上升,出现咳嗽与呼吸迫促,流浆液性与脓性鼻涕。患牛食欲不振,反刍与嗳气减少,精神不振。如病程太久可转为慢性,病牛呈现一种顽固性咳嗽,呼吸时可闻喘鸣声音,并有进行性消瘦。剖检时发现主要病变在胸腔:肺内有较多的支气管性肺炎病灶,病灶部位都在支气管周围,同时伴有支气管周围淋巴结增生肿大。此外,肺组织中还有气肿病变。根据临床症状和肺炎特点可怀疑本病,确诊应通过实验室检查。本病可用卡那霉素或泰乐菌素(每千克体重5~10毫克)肌肉注射,一日两次,连用数日。及时隔离病牛,消毒场地和用具,注意水源和饲料不被污染。

14. 防治肉牛流行性感冒

流行性感冒简称流感,是由流行性感冒病毒引起的急性呼吸道感染的传染病。病牛临床表现为发热、咳嗽、全身衰弱无力,呈现不同特点的呼吸道炎症。

(1)流行特点:病牛是主要的传染源,康复者和隐性感染者在一定时间内也能排毒。病毒主要存在于呼吸道黏黏膜细胞内,随呼吸道分泌物排向外界,以空气飞沫传播。

(2)诊断:本病突然发生,传播迅速猛烈,呈现流行性,发病率高,死亡率低,不同年龄、性别和品种牛均可感染。一年四季均发,以天气骤变的早春、晚秋和寒冷季节多见。病牛精神沉郁,食欲不振,反刍减少,咳嗽,呼吸加快,流涎流涕,眼结膜发炎。体温有所升高,一般无死亡,7 天左右可恢复正常。确诊可采取病牛的血液、鼻分泌物等送兽医检验室,作病毒分离和鉴定。

(3)防治:加强饲养管理,保持圈舍清洁、干燥、温暖,防止贼风侵袭。发病后立即隔离治疗,加强病牛的饲喂护理,用5%漂白粉或3%火碱水消毒圈舍、食槽及用具等,防止疾病蔓延。对症治疗,控制继发感染,调整胃肠机能;解热镇痛可肌注30%安乃近10～20毫升或复方氨基比林10～20毫升;为防止肺炎,可肌注青霉素和链霉素等,一般5～7天可康复。

15. 治疗肉牛皮肤病

牛的皮肤病常由寄生虫和真菌引起,而细菌和病毒对皮肤影响较小(全身感染除外)。虽然有时牛患皮肤病的临床症状并不十分严重,不会造成终身影响,但却会造成经济损失。

(1)牛钱癣:该病是由某些真菌引起的慢性皮肤病。病牛是传染源,主要通过直接接触而传染,也能经饲槽、牛栏、刷拭用具、饲养人员等间接传染。不同品种、性别、年龄牛都可感染,犊牛尤其易感。气温高、湿

度大,饲养密度大,舍饲牛最容易发病,秋冬季严重。病变主要出现在头部(如眼睑、口周围、面部),有时也见于颈部和躯体上。开始出现些小结节,结节上附着皮屑,逐渐扩大成圆形斑,突起,灰白色,有痂皮,痂皮上有少量断毛。癣痂小的像铜钱大,大的像核桃或更大。这种痂皮在1~2个月后自然脱落,留下秃斑,以后可以再长出新毛,有的癣斑也可互相融合成大片状。病牛表现剧痒,有触痛,常常摩擦,有时引起皮下出血、减食、消瘦。

加强饲养管理,改善卫生状况,适当降低舍饲密度。发现病牛立即隔离,其他牛进行检疫。环境要彻底消毒,圈舍可用2%热氢氧化钠、0.5%过氧乙酸、3%来苏儿等喷洒或熏蒸。局部剪毛,用温水或肥皂水洗净病变处,除去痂块,用抗真菌药物或软膏治疗。硫酸铜25克、凡士林油75克,混合制成软膏,每5天涂擦一次,两次即有效。此外,10%萘软膏、萘酚软膏、焦油软膏、碘酊外用,治疗效果也不错,一般2~3周可治愈。

(2)螨病:又称疥癣,俗称癞病,是由几种螨虫寄生在牛皮肤上引起的慢性皮肤病。螨虫包括疥螨、痒螨和足螨。

螨病主要是通过病牛和健康牛直接接触传染,也可通过被螨或卵污染的圈舍、用具间接接触传染。饲养员、兽医等人的衣服和手,也可传染螨病。本病主要发生于秋末、冬季和初春,因为这段时期日照不足,尤其是阴雨天气圈舍潮湿，体表湿度较大，加上牛毛比较密，很适合螨的发育和繁殖。夏季牛毛大量脱落，皮肤受日光照射变得比较干燥，螨大部分死亡，只有少数潜伏下来。到了秋季，螨又重新活跃，不但症状复发，而且成为传染源。

牛圈要宽敞、干燥、透光，通风良好，牛群不要过于密集。圈舍要经常清扫，定期消毒。饲养管理用具亦要定期消毒。要经常注意观察，发现有发痒、掉毛现象的牛，应及时挑出诊治。治愈牛隔离观察 20 天，如未复发，用药涂擦后方可合群。购入牛时，应事先了解有无螨病存在；引入后应详细作螨病检查；最好先隔离观察 15 ~ 20 天，确无螨病症状，喷洒杀螨药后并入牛群中。

对患病部位要剪毛去痂，彻底洗净，再涂擦药物。敌百虫配成 0.5% ~1% 的水溶液涂擦患部，1 周后再涂 1 次。选用蝇毒磷（浓度 0.025% ~0.05%）、螨净（浓度 0.025%）、双甲脒（浓度 0.05%）、溴氰菊酯（浓度 0.05%），喷洒和涂擦。此外，还可用 2% 碘硝酚注射液，每千克体重 10 毫克，皮下注射。虫克星注射液和 1% 的伊维菌素注射液，均为每千克体重 0.02 毫克，皮下注射。

（3）牛皮蝇：分为皮蝇、纹皮蝇、皮蝇蚴或牛皮蝇。放牧青年牛是皮蝇寄生阶段的固有宿主。

皮蝇的雌性成虫会使得牛只焦虑不安，影响采食，

导致消瘦。皮蝇幼虫会使牛皮质量受到影响,美观性下降,大大降低经济效益。

目前该病还是以预防为主。皮蝇的活动范围为5~14千米,对临近畜群进行防治。有机磷酸杀虫剂是最有效药物,用于杀灭早期幼虫和晚期皮下皮蝇幼虫。有机磷制剂采用浸泡、喷洒或冲洗等方法,最有效的是浇泼。另外,以伊维菌素为主要成分的全身性杀药,也可有效杀死皮蝇蚴。

(4)虱病:牛虱分为羽虱和兽虱,羽虱以采食宿主的组织碎屑为生,而兽虱以吸食血液、组织液为生。

用驱虫喷剂、粉剂、洗涤剂、浇泼剂和相应针剂来控制虱感染,同时加强饲养管理,消灭感染源,改善牛的营养状况。

16. 驱除肉牛寄生虫的有效药物

(1)全群普遍性驱虫用阿维菌素或伊维菌素为好,0.2毫升/千克体重,1次混料喂服;选用注射剂,1次皮下注射。该类药物对体内寄生线虫和体表寄生虫有效。

(2)左旋咪唑:6~8毫升/千克体重,一次混料喂服或溶水灌服;配成5%注射液,一次肌内注射,主要用于驱除线虫。

(3)丙硫苯咪唑:10~20毫升/千克体重,粉(片)剂用菜叶或树叶包好,一次投入口腔深部吞服;混饲喂服或制成水悬液,一次口服,主要用于驱除线虫。

(4)对体外寄生虫,可用0.3%过氧乙酸对牛体喷洒后,再用0.25%螨净乳剂擦拭一遍牛体。

(5)吡喹酮:30~60毫克/千克体重,粉(片)剂用菜叶或树叶包好,一次投入口腔深部吞服。该药主要对吸虫或绦虫有效。

(6)贝尼尔(血虫净):3~7毫克/千克体重,极限量1克,用水溶解后深部肌肉注射。该药主要对血液原虫有效。

17. 防治犊牛腹泻

犊牛腹泻可归纳为传染性因素和饲养管理因素。饲养管理性因素主要包括出生犊牛吃不到初乳或乳量不足,导致犊牛抗病力低而出现细菌性或病毒性腹泻;犊牛场环境不良,致病微生物大量滋生,导致腹泻;气候骤变、饲喂过量、霉变饲料、有毒饲草或饲料,导致腹泻等。传染性因素包括牛病毒性腹泻/黏膜病病毒、轮状病毒、冠状病毒、沙门菌病、梭菌性肠炎、副结核病、蛔虫病和球虫病等。

(1)加强妊娠母牛和犊牛的饲养管理,母牛妊娠后期蛋白质和维生素饲料应供应充足;新生犊牛应及时饲喂适量初乳,避免过量或饲喂不足,增强抗病能力;注意牛舍要干燥、保温,减少应激等;经常对牛舍、牛栏、牛床、运动场和环境进行定期预防性消毒。

(2)加强消毒、免疫接种、定期预防性驱虫和药

物治疗，控制传染性腹泻；病毒性腹泻没有特效药物，主要是加强饲养管理和疫苗预防。细菌性腹泻主要从饲养卫生管理、疫苗预防和药物防治三方面综合防治。预防寄生虫性腹泻需要定期驱虫，犊牛1月龄和5月龄时各驱虫1次，每15天用2%敌百虫溶液对圈舍场地喷洒1次；及时清除牛舍内外的粪便和尿液，堆积发酵以彻底杀灭虫卵。

(3)从外地购回犊牛需隔离观察，待检疫阴性和粪便虫卵检查阴性时方可并群。

18. 预防肉牛瘤胃积食

瘤胃积食又称瘤胃食滞，以牛瘤胃内食物积聚，造成食物性扩张、胃壁受压、腹痛为主要特征。由于病牛采食大量难于消化的饲草或膨胀性饲料，超过正常瘤胃容积，引起前胃收缩力减弱所致。

由于牛贪食大量适口的饲料或易于膨胀且含大量粗纤维的饲草而发病。肥育牛饲料调配不当，采用精饲料过多或舍饲牛偷食大量精饲料，也可引发本病。病牛患病初期食欲不振，反刍、嗳气减少或完全停止。有时病牛用力向后努责，不时顾盼腹部，并不断用后肢踢腹，磨齿、摇尾、呻吟、不安。侧位看病牛，左腹中下部增大。

19. 治疗肉牛瘤胃胀气

牛瘤胃胀气是采食了大量易发酵的饲料，在瘤胃内发酵，产生大量气体，以至于瘤胃和网胃迅速扩张的疾

病。病牛临床表现为呼吸极度困难,腹围急剧扩大。

(1)病因:原发性瘤胃臌胀多因采食了大量易发酵饲料,新鲜的豆科牧草,块根类、带霜露的饲料及霉败变质的饲料等引起;误食某些麻痹瘤胃的毒草(乌头、毒芹等);继发于食管阻塞、慢性创伤性网胃炎等。

(2)诊断:瘤胃臌胀病初频发嗳气,嗳气停止以后,表现为站立不安,瘤胃部触诊紧张而有弹性。叩诊有鼓音,听诊瘤胃蠕动音减弱,呼吸高度困难,可视黏膜呈紫色,脉搏细数。后期病牛张口呼吸,全身出冷汗,步态不稳或卧地不起,要及时治疗,否则预后不良。

(3)防治:合理搭配饲料,平时限量喂给易发酵饲料,禁喂霉变腐烂的饲料;更换饲料要逐步进行,加强管理,防止牛采食过多的豆科牧草。

排除瘤胃内的气体及止酵。瘤胃穿刺放气,排气不宜过快。通过套管针注入止酵剂(松节油 40 毫升或克辽林 20 毫升),注意局部严密消毒。缓泻止酵(硫酸镁 500 ~ 800 克,鱼石脂 20 克,水 4 ~ 5 升,内服)。对于产生泡沫的,可投服消泡剂聚合甲基硅油 100 毫升和松节油鱼石脂酒精合剂 100 ~ 200 毫升。

20. 防治牛产后综合征

母牛产后 2 ~ 3 天发病,5 ~ 10 岁、产犊 3 ~ 6 次的母牛发病最多,愈是高产牛,发病愈多。发病与犊牛性

别、体重大小、死胎和双胎无关。上一胎泌乳期缺钙症是下一胎泌乳期乳热增多的因素；发生过胎衣不下、子宫炎、酮病等，有使乳热发生增高的倾向。

(1)病因：干奶期精料喂量过多，特别是日粮中的蛋白质水平过高，此病易感。发生过产后轻瘫的牛，下一胎产犊后有重复发病的趋势。因此，认为本病是一种能复发和遗传的疾病。发生过乳热的牛易感性增高2~5倍。产后瘫痪是威胁奶牛生产的严重疾病，病因较多。

①大量钙质随初乳进入乳房，奶牛血钙浓度急剧降低是主要病因。干奶期，母牛对钙的需要处于最低限度。胎儿的发育、尿液和内源性粪钙的排泄等，总量为10~12克/天。此时血浆钙的补充机制处于无活性状态。分娩后，奶牛泌乳的启动则需要一套快速的钙内环境调节机制。一头日产10千克初乳的母牛，乳中将消耗23克钙，因此，分娩时母牛每天必须贮存30克或更多的钙。即产犊后第1天，几乎所有的母牛都表现为血清钙水平普遍下降的状况。对此，只能通过加强胃肠的吸收和骨骼钙盐析出来满足泌乳的需要。由于有些母牛不能适应分娩后这种急剧的变化，引起细胞外和血浆钙浓度的下降，最终导致产后瘫痪。

②低血磷和低血镁的变化也起一定作用。临床上有少数病牛，注射钙剂后虽然症状有所改善，但仍不能

起立。经乳房送风使血磷有一定恢复后，病牛才能起立，说明本病的发生与低血磷有一定的关系。至于血镁的水平，一种是血镁过高，以致镁离子能发挥其麻醉作用；另一种是血镁不足，伴发强直、兴奋、感觉过敏及四肢肌肉震颤。

③产后母牛产道损伤，伴随分娩产道及骨盆腔的肌肉、韧带、神经损伤，特别是难产时手术助产造成的产道神经肌肉损伤，骨盆腔部荐坐韧带的损伤及强行分娩造成体贮备的大量消耗，易造成产后截瘫。

④创伤性网胃心包炎及腹膜炎，可导致产后瘫痪。由于怀孕后期腹围增大，加之分娩时强力努责，很容易造成金属异物伤到心包及腹膜，使牛心血管系统机能障碍、气血不足，是发生产后瘫痪的间接原因。

⑤产后出血过多：由于助产方法不当，子宫破裂而大出血，血钙、血磷大量丢失，造成母牛产后卧地不起。

⑥产后消化不良综合征：怀孕期间特别是分娩前，由于胎儿体积过大，压迫前胃特别是瘤胃神经，造成迷走神经性消化不良；前胃的运动及消化能力大大降低，加之机体和胎儿需要大量的营养物质、矿物质、微量元素，易导致营养衰竭症，使母牛卧地不起。

⑦产后感染及败血症：母牛产后机体相对虚弱，产道易感染，导致产后败血症。母牛体温升高、不食、全身状况逐渐恶化，死亡率极高。

(2)预防:

①加强干奶期母牛的饲养,增强机体的抗病力。控制精饲料喂量,防止母牛过肥。混合精料喂量3~4千克/天,保证供应充足的优质干草,重视矿物质钙、磷的供应量及其比例(钙、磷比为2∶1)。据报道,奶牛日粮中钙含量达137克,磷为85克,比例为1.61∶1,可使产后瘫痪发病率由74%下降至16%,可见钙含量过高反而使发病率上升。因此,目前普遍强调分娩前期要低钙饲养。妊娠后期饲喂高磷低钙饲料有助于预防本病,但很难执行。若以这种饲料长期饲喂高产母牛,有使骨骼中矿物质损失的隐患。所以,建议对妊娠母牛加喂富含钙、磷和维生素的饲料,如多种微量元素和维生素添加剂。在分娩前1个月减少精料的饲喂数量,在分娩前后增加摄入的钙量,每天增加到125克以上,以满足胎儿生长发育的需要。

提供良好的饲养环境。干奶时可集中饲养,临产牛要有产房或单圈饲养。圈舍要清洁、干净;运动场宽敞,能自由运动,尽可能减少各种应激因素。

②加强对临产母牛的监护,提早采取措施。分娩前5~7天,在饲料中添加大量维生素D_3(每天2 000万~3 000万单位)可减少发病。若在产前4天停止饲喂,则母牛更易发生本病。产犊前8天静脉或皮下注射结晶维生素$D_3$1 000万单位,1次/天,连续8天,是一种有效

的预防措施，但静脉注射后孕牛可能产生严重反应。所以，应增加妊娠后期母牛的光照时间，补充胡萝卜、鱼肝油及维生素D，以帮助饲料中钙、磷的吸收和利用；静脉补钙、补磷。

对于高产、老龄奶牛和有瘫痪病史的牛，在产前7天或分娩前后静脉注射钙剂、磷剂，对预防本病有良好作用，此方法已在生产中被普遍采用。10%葡萄糖酸钙液1 000毫升、10%葡萄糖液2 000毫升、5%磷酸二氢钠液500毫升、氢化可的松1 000毫克、25%葡萄糖液1 000毫升、10%安钠咖20毫升，一次静脉注射。

(3)治疗：尽量使病牛血钙水平恢复至正常范围，可用20%～25%葡萄糖酸钙液500～800毫升，一次静脉注射，每天2～3次。氯化钙副作用较大，现已少用。典型的产后瘫痪病牛在补钙后，表现肌肉震颤，打嗝，鼻镜出现水珠，排粪，全身状况改善等。

①钙剂量要充足，剂量不够会使病程延长，母牛不能站立或站立后又瘫痪卧地。

②注射钙剂时应缓慢，注意全身反应，要监听心率，过快或心律紊乱时暂停注射。

③钙对局部有刺激作用，不能漏于皮下，以免引起局部组织的炎性肿胀、坏死、化脓和颈静脉周围炎。

④对瘫痪且体温升高的病例，不能急于用钙。先静脉注射等渗糖和电解质液，如5%葡萄糖生理盐水、林

格液、抗生素,待体温恢复正常后,再行补钙。

⑤有吸入性肺炎、子宫炎或乳房炎而引起严重毒血症的病例,对钙剂更为敏感,若注射后心率增至180次/分钟,且呼吸费力,常于几分钟内死亡。立即静脉注射10%硫酸镁300毫升,或可挽救。为避免这种情况,可采用钙剂在最后肋骨上端皮下注射,每处注射量为50毫升。

⑥治疗后8~12小时,若疾病复发或不能起立,应重复治疗。若治疗后各种反应均良好,只是不能起立,可试用15%磷酸二氢钠200~500毫升,25%葡萄糖800毫升静脉注射;在并发低血镁(即并发强直性痉挛)时,可用15%硫酸镁200~400毫升与钙制剂同时注射。

⑦其他措施:如下。

乳房送风:在使用上述各种疗法,疗效尚不完全满意时,可试用乳房送风。目的是使乳房膨胀,内压增高,防止进一步泌乳,减少钙磷从乳中排出。每一乳房都要通过乳头送风,直至乳房变硬;若有必要,乳头要用纱布条轻轻捆扎,以防空气逸出。3~4小时后除去纱布条,并从乳房排出部分乳汁。若有必要,6~8小时后可再进行送风。低血磷的病例辅以乳房送风,疗效常可提高。

输糖:对由酮病继发引起的低血糖症患牛,可输入

10% ~25%葡萄糖1 000 ~2 000毫升，以提高血糖浓度。

辅助治疗：维生素D_3 200万~300万单位，肌肉注射，1次/天。20%葡萄糖1 000毫升，5%碳酸氢钠500毫升，静脉注射。0.5%氢化可的松80~100毫升，静脉注射。维生素B_1 200~300毫克，肌肉注射。

21. 治疗母牛子宫内膜炎

母牛子宫内膜炎是由于链球菌、大肠杆菌和葡萄球菌等进入阴道或子宫颈，引起不同程度创伤感染的生殖道疾病，伴有阴道炎和子宫颈炎。母牛子宫内膜炎为子宫黏膜急性发炎，如不及时治疗，炎症易于扩散，引起子宫肌炎、子宫浆膜炎或子宫周围炎，并常转化为慢性炎症，导致母牛流产、死胎和不孕症。子宫内膜炎是造成母牛不孕的主要原因之一，严重影响母牛的繁殖与受胎率，而且增加饲料消耗和治疗费，造成巨大的经济损失。

(1)为了加强子宫的血液循环，将母牛按前躯低、后躯高的姿势保定好，用38~40℃的0.1%高锰酸钾溶液（一定要保证高锰酸钾颗粒全部溶解，以免烧伤）冲洗子宫，剂量控制在500~1 000毫升。冲洗后药液及时排出体外，直至清亮为止，避免重复感染。冲洗完毕半小时后，用80国际单位青霉素4瓶和链霉素2瓶，用0.9%生理盐水100~200毫升稀释，再用输精器插入子宫颈进行灌药，每天1次，直至治愈为止。

(2)对于炎症时间长、化脓性黏液较多、子宫颈口没有张开的母牛,为了将子宫内的脓液排出体外,恢复子宫收缩力,可先用苯甲酸雌二醇或催产素按标准剂量进行肌肉注射,每2天注射1次,连续注射2~3次。再用浓盐溶液100~200毫升,每天1次冲洗子宫,然后可任选青霉素、红霉素、金霉素、氯西环素、黄胺嘧啶加0.9%生理盐水稀释至100~200毫升,用输精器直接输入子宫内,停留片刻后及时排出,每天1次,直至痊愈为止。

(3)中草药治疗:取黄柏、益母草、龙胆草、黄参各20克,放入适量水中,煎熬半小时,冷却过滤。用输精器吸取药汁40~60毫升,输入子宫内,停留片刻再排出,每隔2天1次,直至痊愈为止。

(4)对于伴有全身症状的母牛,在500毫升葡萄糖盐水中加入10~20毫升咖啡因,10~20毫升维生素,10~20毫升复方氨基比林,10~20毫升地塞米松,每天1次静脉注射,连续几天治疗。

22. 处理母牛产后胎衣不下

胎衣不下,是指母牛产后超过12小时而胎衣仍然不能排出体外,滞留在子宫内。

(1)母牛怀孕时的预防措施:

①合理搭配饲料:一些农户养牛技术较差,除放牧之外,普遍使用玉米秸秆、小麦秸秆喂养,很少使用青

贮、青干饲料及其他加工饲料，造成饲料单一、营养缺乏，怀孕母牛体质较差，胎衣不下发病率较高。因此，建议对怀孕母牛饲喂时，要将粗料、青绿多汁饲料和农作物秸秆相互搭配，精料要由玉米、麸皮、豆饼、食盐等混合而成。另外，还要添加含钙、维生素、矿物质、微量元素等，特别在冬季要补饲胡萝卜、鱼肝油胶丸等。在母牛怀孕初期和中期可适当增加精料量，后期至临产前1～2周减少精料，增加青绿多汁饲料。

②适当增加活动量：农忙时间和青草茂盛季节，由于使役和放牧，母牛的运动量较大，而在冬季牛进入暖棚后活动量就大大减少。一些农户不注意驱赶母牛运动，造成怀孕母牛早产、难产，以致胎衣不下。因此，在母牛怀孕1～2个月时活动量相对要少些，怀孕8～9个月时活动量相对要大一些，每天舍外运动不少于4小时。

（2）药物预防：在离母牛预产期45天和15天时，各肌注1次亚硒酸钠维生素E，每次5毫升；产后让母牛饮温盐水2 000～5 000毫升；对产后2～3小时后胎衣排出不多的牛注射缩宫素100～150单位，效果明显。

（3）治疗：母牛胎衣不下时，一般不采用手术剥离，可用药物治疗。产后6～8小时，肌注缩宫素100～150单位，2～4小时后再重复1次；子宫灌注“宫净”400～600毫升，消炎，缩宫，促进胎衣排出；子宫灌注生理盐水500～1 000毫升，加土霉素4克；灌服中药加味生化

汤:当归 90 克、川芎 69 克、益母草 150 克、党参 60 克、黄芪 60 克、桃仁 30 克、红花 25 克、白术 60 克、山楂 60 克、炙甘草 15 克,用水煎服。注射 0.25% 比赛可灵效果显著,注射剂量依病牛体重适量增减,每 12 小时 1 次,每次皮下注射 0.25% 比赛可灵 10～20 毫升。一般用药 1 次胎衣即可脱落,有的病牛胎衣因在子宫内或阻道里停留时间过长而腐败,可连续用药 2 次;同时配合注射抗生素或磺胺类药物,防止继发感染,并促进子宫复原。

23. 处理母牛阴道脱垂

阴道脱垂是母牛阴道的一部分或全部突出于阴门之外,多发于怀孕后期,但怀孕中期和产后也有发生,年老体弱的牛只多发。主要原因为母牛日粮中缺乏微量元素,运动不足或着过度疲劳所致。另外,腹泻、便秘、瘤胃臌气、阴道炎也可诱发本病。

阴道脱垂分为部分脱垂和全部脱垂。部分脱垂不需要整复和固定,当牛只站立的时候一般都能自行缩回,但是需要改善饲养管理,补给矿物质和维生素并适当运动,减少卧地次数,内服补中益气汤等,以促进复位。对于站立也不能自行复位和全部脱垂的母牛,需要整复和固定。

(1)保定:牛只站立保定,呈前低后高姿势,将尾巴拴系于自身颈部左侧。

(2)麻醉:用 2% 普鲁卡因 10 毫升进行荐尾麻醉。

(3)清洗消毒脱出部分:用0.1%新洁尔灭或0.1%高锰酸钾溶液彻底清洗脱出部分,除去异物和坏死部分组织,并涂布抗生素软膏。

(4)整复:用消毒纱布托起脱垂部分,趁母牛不努责时,用拳头将脱出部分全部推入,并将阴道壁推直为止。如阴道和直肠均脱出,应先整复直肠,再整复阴道。

(5)固定:用10~12号缝合线,距阴门3~4厘米处进行内翻缝合,阴门裂的下1/3处不缝,以便排尿。出现分娩征兆时拆除缝线。

(6)内服补中益气汤:党参50克、白术50克、黄芪40克、升麻40克、柴胡40克、当归50克、陈皮40克、甘草20克、黄柏60克、石榴皮60克、栀子50克,共研末,开水冲调,候温灌服,连用3剂。

十、牛粪加工利用技术

1. 利用牛粪加工有机肥

首先要把牛粪晾晒或沥干,水分控制在85%以下。然后加入秸秆末,牛粪和秸秆末的比例为7:3,使原料(牛粪)辅料(秸秆末)的碳氮比控制在23:1~28:1。按1:4~1:5加入人粪尿和一定量的氮素肥料(5~10千克/吨),含水量控制在52%~68%。最后再加入适量的骡马粪或老堆肥,作为发酵腐熟剂。

原料和辅料及发酵腐熟剂混合搅拌后,可上堆发酵。将混合料在发酵场上堆成底边宽1.8~3米、上边宽0.8~1米、高1~1.5米的梯形条垛,条垛间隔0.5米。条垛堆好以后,在24~48小时内温度会上升到60℃以上,再保持60℃以上的温度48小时后开始翻堆。翻堆时务必均匀彻底,将低层料尽量翻入堆中的中上部,以便充分腐熟。

第一次翻堆后,以后每星期都要翻堆一次。当超过

70℃时,必须立即翻堆。全部发酵腐熟的标准:褐色或黑褐色,具有氨臭味;腐熟的有机肥加清水(1:5)搅拌后,放置5分钟,浸出液呈淡黄色;腐熟堆肥的体积比刚堆成的条垛塌陷1/3~1/2。最后将发酵完成的有机肥在晾晒场上均匀摊开,厚度不要超过20厘米,并经常翻晒,使含水量低于32%,此时有机肥就可安全使用了。

2. 利用牛粪生产沼气的条件

(1)严格的厌氧环境:沼气发酵微生物包括产酸菌和产甲烷菌两大类,都是厌氧细菌。因此,建造一个不漏气、不漏水的密闭沼气池,是利用牛粪人工制取沼气的关键。

(2)具有足够和优良的接种物:沼气池的接种物一般来源于老沼气池的沼渣(沼液)、阴沟的污泥、粪坑底部的沉渣等。接种物用量一般占总牛粪发酵液的30%左右。

(3)必要的发酵温度:沼气发酵菌种在8~60℃都能发酵产气,并且温度越高,产沼气越多,在35℃时最佳。因此,作为常温发酵的牛粪沼气池,应尽量保持在8℃以上。

(4)适宜的酸碱度:在沼气发酵过程中,沼气菌适宜在中性或微碱性的环境中繁殖。发酵液的pH控制在6.8~7.5为宜。

(5)适宜的发酵浓度和碳氮比:牛粪的碳氮比较高,可

通过与人粪尿按4∶1的配比，调整碳氮比至20∶1～30∶1，同时要满足6%～10%的发酵浓度。碳氮比和发酵浓度在夏季可适当低些，冬季高些。

(6)经常性搅拌：搅拌的目的是使其不分层，加快发酵速度，提高产气量。搅拌也有利于沼气的释放。

(7)严防加入抑制剂：抑制剂主要是一些重金属离子、农药及一些有毒性物质。

3. 牛粪的利用

由于粪便中含有大量的有机物质，故可以用作肥料、饲料、沼气发酵等。

(1)用作肥料：牛粪便可直接施用，也可经腐热堆肥和药物处理后再施用。

①直接施用(土地还原法)：新鲜的牛粪便可直接施入农田，每亩地可施鲜粪20吨。但用鲜粪施肥时，粪便施入后应立即翻耕，埋入土中，不致恶臭四溢，产生污染。

②腐热堆肥法：将牛粪与作物秸秆(稻草、麦秸、玉米秸等)按1∶1～1∶2混合，在厌气微生物的作用下将有机物分解。在此过程中放出的热量可杀灭粪便中的病原微生物与寄生虫卵等，并可提高肥效。将牛粪与垫草(稻草、麦秸、玉米秸等)按1∶1.5混合，水分宜控制在40%左右。在向阳、干燥地面上挖纵横交叉的小沟，沟宽深各15厘米。在沟上用树枝或竹板铺垫，然后用玉

米秸竖立于堆底，将混匀的粪便与垫料逐层向上堆砌。堆好后用泥密封，待泥稍干后将玉米秸抽出，形成通风口，15～20天后发酵腐熟完毕。

③药物处理：在钩虫病、血吸虫病等流行地区，可用药物对粪便进行处理，50%敌百虫每100千克粪便2克处理1天，或15%尿素处理1天，或1%硝酸铵处理3天。

(2)用作饲料、肥料：肉牛粪便中含有较丰富的成分，每头牛每年排出的粪便中，有机物含量5 580千克、粗蛋白79千克、总消化养分251千克，相当于200千克豆饼所提供的蛋白质。牛粪加工成饲料，常采用脱水干燥、青贮、化学处理、物理处理方法，以及氧化沟、活性污泥法、培养蚯蚓等生物处理法。

①脱水干燥：粪便干燥最为简单，干燥后的粪便仅有原体积的20%～30%。

②青贮：粪便的青贮与干燥法相比，既节省能源，又可保持粪便中的营养物质，对于设施的要求比较简单。牛粪可以与玉米、棉籽饼及麸糠皮等按一定比例混合，保持水分在40%～65%，并有足量的可溶性碳水化合物，取得良好的青贮效果。国外研究表明，用57%～60%牛粪肥和40%～43%干草组成的混合物进行青贮。青贮料按40%和60%玉米粒饲喂育肥牛，效果良好。牛粪或牛粪肥(粪+尿+垫料)和玉米饲料

(整株玉米)混合并经氢氧化钠处理的青贮料,体外消化率平均为58.9%,而玉米单独青贮料的相应消化率则为68.3%。在青贮饲料中牛粪不应超过总干物质的25%。

③化学处理:对粪便进行化学处理,主要目的是消灭病原微生物,保留养分,提高营养价值和增加牛对粪便饲料的采食量。用1.5%福尔马林处理的牛粪或3%氢氧化钠处理的牛粪,可显著改善干物质消化率。

④物理处理:目的是缩小体积,将干牛粪粉碎再利用,也可以提高牛粪的利用率和消化率。

⑤生物处理:主要有氧化池氧化法、活性污泥法、昆虫培养和甲虫、蚯蚓、双孢菇养殖等。氧化池氧化法是利用好气的微生物将有机物转化为单细胞蛋白质,但费用高且80%有机物质都矿物化或转变为气体。活性污泥法是粪便在通气池中细菌消化后的沉淀物,含蛋白质较为丰富,可用作肥料,该方法与氧化池氧化法相似。利用牛粪作为培养料养殖昆虫、蚯蚓,可生产出优质的生物腐殖质。生物腐殖质对土壤肥力有特别的重要作用,品质显著高于粪和其他堆肥。用牛粪生产双孢菇过程中,原料要先晒干、发酵才能利用,60%粗蛋白和磷被吸收利用。球虫、吸虫、绦虫等线虫可完全被灭除,细菌总数明显降低。堆料配方:1 000千克麦秸、1 000千克干牛粪、120千克棉籽饼、8千克硫酸铵、20千克石膏

粉、1千克尿素。先将牛粪粉碎与麦秸分层堆置,湿度保持在70%左右,直至堆料发酵完毕(30天)呈深咖啡色、无臭、pH7~7.5。

(3)生产沼气:沼气是利用厌氧菌(主要为甲烷菌)对粪尿进行厌氧发酵,产生甲烷(60%~70%)与二氧化碳(25%~40%),还有少量的氧、氢、一氧化碳和硫化氢等。生产的主要条件,保持无氧条件原料的碳氮比按1∶1加入,保持20~30℃的适宜发酵温度,池液pH为7~8.5。

4. 牛场粪尿的无害化处理

牛场中肉牛产生的尿液、污水中含有大量的有机物质和一些病原微生物,在排放或重新利用前需净化处理,主要有物理、化学和生物学法。

(1)物理处理:主要是利用物理沉降方法,使污水中的固形物沉淀,主要设施是格栅与化粪池。经物理处理后的污水,可除去40%~65%的悬浮物,BOD_5下降25%~35%。化粪池内的沉积物应定期捞出,晾干后再处理。

(2)化学处理:根据污水中所含污染物质的化学性质,用化学药品除去水中的污染物。常用混凝沉降和化学消毒处理方法。

①混凝沉降:利用一些混凝沉降剂(如三氯化铁、硫酸铝、硫酸亚铁、明矾等),与水中原有的重碳酸盐作

用,形成氢氧化铝和氢氧化铁的胶状物。这些带有正电荷的胶状物能与水中带有负电荷的微粒结合而凝聚,形成絮状物而沉淀。混凝沉降一般可除去70%悬浮物和90%细菌。沉降剂的用量为,硫酸铝50~100毫克/升,三氯化铁30~100毫克/升,明矾40~60毫克/升。

②消毒:牛场的污水在经过物理沉降处理后,可不经过消毒而进行生物处理,经过消毒后的水可作为冲刷粪尿用水再循环利用。常用氯化消毒,原理是利用氯在水中形成次氯酸及次氯酸根杀灭细菌。水的氯化效果与水的pH、温度、浑浊度及接触时间有关。当水温20℃、pH7左右时,氯与水接触30分钟,并使水中剩余的游离性氯含量≥0.3毫克/升时,才能完全杀灭细菌。当水温低、pH高或接触时间短时,则应有更高的余氯含量。

(3)生物处理:生物处理是指利用微生物分解污水中的有机物质,达到净化的目的,有好气处理与厌气处理。

①生物曝气法(活性污泥法):在污水中加入活性污泥中的好氧微生物大量繁殖,使污水中的有机物质被氧化分解。将活性污泥经过物理沉降处理,导入曝气池中,曝气池中有向池内污水充入氧气的设施,使好氧微生物大量繁殖并净化污水。这一过程需15~30天,经过净化的水再经沉淀后即可排放。

②生物过滤法:在污水处理池内设置用碎石、炉渣、焦碳或轻质塑料板、蜂窝纸等构成的滤料层。污水通过引水器导入,导入的污水经滤料层的过滤、吸附并经滤料中微生物的分解作用,而达到净化的目的。

③利用鱼塘净化:将经过物理处理的污水放入鱼塘,污水中的细小颗粒可直接作为鱼饲料,污水中的营养物质可为藻类的生长提供养分,从而降低有机物质含量。

5. 利用牛粪养殖蚯蚓

蚯蚓有发达的消化系统和强大的消化能力,主要以腐烂的有机物为食。任何畜禽粪便、酿酒、制糖、食品、制纸和木材等加工的有机废料,都可以作为蚯蚓的饲料。多选用发酵腐熟的畜粪、堆肥、蛋白质、糖源丰富的饲料。新鲜牛粪不用发酵,可直接用来养蚯蚓。

(1)饲料配方:由于不同饲料所含营养成分以及碳氮比不同,不同的蚯蚓对饲料的取食、消化吸收率也不同。因此,为了养好蚯蚓,必须对饲料进行科学配比(俗称配方),做到就地取材、废物利用,减少运输及成本,饲料尽量多样,营养搭配合理。同时选用饲料混匀后要充分发酵,提高熟度和利用率。

配方:牛粪50%,纸浆污泥50%;牛粪100%或禽畜粪混合100%;牛粪、猪粪、鸡粪各20%,稻草屑40%(鸡粪需要先用来养蛆后或放置1年以上,才可以用来

养蚯蚓,否则蚯蚓会全部逃走或死掉)。

(2)饲料的调制:

①发酵:用稻草、秸秆(截成小段更好,若加入EM活性细菌则不必截段,可以直接把稻草等分解)先铺一层(厚10~15厘米),然后在干料上铺(4~6厘米)粪料,如此重复铺3~5层,每铺一层用喷水壶喷水(EM活性菌此时加入粪堆中,1吨粪料需要EM5千克,兑水100千克左右,水中加入1千克红糖更好),直至水渗出为好。若采用垃圾,一层垃圾一层粪地堆,长宽不限,并用薄膜盖严。在气温较高季节,一般第二天堆内温度即明显上升,4~5天可升至60~70℃,以后逐渐下降。当堆温降至40℃时(15天),则要进行翻堆(把上面翻到下面两边翻到中间去,重新堆制,并再加入EM稀释液),以后每隔7天翻一次,一般翻3~5次(加入EM活性细菌发酵只需翻一次堆或不翻,发酵时间缩短一半以上。)

如果100%用粪料,先把粪料晒到五六成干后再架堆、淋水(加入EM更好),用薄膜盖严,过10~15天扒开,淋水散热后即可使用。草类一定要挖坑或集堆,沤制腐烂才可使用,以避免第二次发热。

②饲料的pH调节和营养剂添加。饲料发酵好以后,测试pH(加入EM活性细菌发酵的粪料pH会自然降至6.5~7.5,不必调节)。蚯蚓饲料一般要求适宜

pH 为 6～7.5，动物排泄物的 pH 是 7.5～9.5，因此，对蚯蚓饲料的 pH 要适当调节，接近中性，以适合蚯蚓生长。

当 pH 超过 9 时，可以用醋酸、食醋或柠檬酸作为缓冲剂，添加量为饲料重量的 0.01%～1%，可使 pH 调至 6～7，添加量太少，效果不大；然而超过 1%，则会使蚯蚓产茧率急剧下降。

当饲料 pH 为 7～9 时，也可用 0.01%～0.5%（重量比）磷酸二氢铵，使饲料 pH 调至 6～7。

当饲料的 pH 为 6 以下时，可添加澄清的生石灰水，使饲料的 pH 调至 6～7。饲料科学的配比，是提高养殖蚯蚓产量最有效的措施。

调制和添加营养促食物质：以 1 米^3 基料为例，取水 100 千克，加入尿素 2 千克、食醋 4 两、糖精 5 克、菠萝香精 4 盖，混合在水中溶解，先取 50 千克水泼在基料上，翻堆后再把另 50 千克水泼在基料上，过 2 天即可使用。

过去人们也知道尿素可以作蚯蚓的氮源，但添加量一直局限于 0.01%～0.2%（重量比）。采用醋酸等调节 pH 后，尿素的添加量可增至 1%，这为氮源不足饲料的利用创造了条件。对养殖蚯蚓来说，1 克尿素相当于 2.88 克蛋白质，这一发现，为加快蚯蚓的生长和产量提供了有力保证。本技术在蚯蚓的饲料里添加了柠檬酸、香精、糖精，调制成蚯蚓最爱

吃的水果香甜味，蚯蚓从此不但不逃走、不挑食，而且食量增加了1倍，大大加快了蚯蚓的生长速度。

(3)饲料的投喂：我们采用上添法和侧喂法，上添法就是把饲料盖铺在原有已被蚯蚓吃完的饲料上，每10～15天进行一次；侧喂法就是取出部分已吃完的饲料，再把新饲料添在一边，下次添加另一边。

6. 利用牛粪栽培双孢菇

(1)双孢菇的特性：双孢菇属草腐菌、中低温性菇类，我国北方气候适合其生长，具有很大的发展潜力。双孢菇具有较高的营养价值和药用价值，鲜菇蛋白质含量为35%～38%，营养价值是蔬菜和水果的4～12倍。双孢菇鲜食最佳，不宜久放，规模种植时可做成罐头出口换汇。大面积发展双孢菇，必须考虑深加工问题，否则会造成产品积压变质。

(2)双孢菇培养料的配方与堆制：双孢菇是一种腐生菌，不能进行光合作用。配料时，在作物秸秆(麦秸草、稻草)中除了加入适量的农家粪(如牛、羊、马、猪、鸡和人粪尿等)，还须加入适量的氮、磷、钾、钙、硫等无机养分。一般每100平方米菇床需用新鲜干麦秸1 250～1 500千克，干牛粪400～600千克，过磷酸钙50千克，尿素15千克，石膏粉和生石灰粉各25千克。堆制发酵一般掌握在8月上旬为宜。

①预堆：先将麦秸用清水充分浸湿后捞出，堆成一

个宽2～2.5米、高1.3～1.5米、长度不限的大堆，预堆2～3天。同时将牛粪中加入适量的水，调湿后碾碎堆起备用。

②建堆：先在料场上铺一层厚15～20厘米、宽1.8～2米、长度不限的麦秸，然后撒上一层3～4厘米厚的牛粪，再撒入准备好的磷肥和尿素，依次逐层堆高到1.3～1.5米。从第二层开始要适量加水，而且每层麦秸铺上后均要踏实。

③翻堆：翻堆一般应进行4次。在建堆后6～7天进行第一次翻堆，同时加入石膏粉和石灰粉。此后，每隔5～6天、4～5天、3～4天各翻堆一次。每次翻堆应注意上下、里外对调位置，堆起后要加盖草帘或塑料膜，防止料堆直接受到日晒、雨淋。

(3)发酵标准：堆制全过程需25天，培养料的水分控制在65%～70%（手紧握麦秸有水滴浸出而不下落），外观呈深咖啡色，无粪臭和氨气味，麦秸平扁柔软易折断，草粪混合均匀，松散、细碎，无结块。

(4)牛粪的准备：种植双孢菇以干牛粪为好，建牛舍时后墙面留有出粪口，堆放粪便的地方为水泥地面，向外倾斜。外侧开沟，以便清理牛舍的时候让牛粪和牛尿初步分离，牛粪成堆，牛尿流向沼气池。牛粪堆放沥水后，及时拉到晒粪场晾晒。晒粪场没有特别的设施要求，通风向阳的空地即可。根据场地大小，将湿牛粪摊

开,厚度适当,自然晒干成牛粪饼。注意晾晒时不要随意翻动,越翻动越不容易晒干,最后即使晒干也是粉状而不便贮存。牛粪晒干后,用编织袋包装存备用,有条件的可以在室内贮存,防止霉变。牛粪的晾晒方法,各地可以根据实际情况和季节灵活运用。

图书在版编目（CIP）数据

肉牛生态养殖/宋恩亮，孔雷主编. —济南：山东科学技术出版社，2016（2016.重印）
科技惠农一号工程
ISBN 978-7-5331-8078-2

Ⅰ.①肉… Ⅱ.①宋… ②孔… Ⅲ.①肉牛—生态养殖 Ⅳ.①S823.9

中国版本图书馆CIP数据核字(2015)第312874号

科技惠农一号工程
现代农业关键创新技术丛书

肉牛生态养殖

宋恩亮　孔　雷　主编

主管单位：山东出版传媒股份有限公司
出 版 者：山东科学技术出版社
地址：济南市玉函路16号
邮编：250002　电话：(0531)82098088
网址：www.lkj.com.cn
电子邮件：sdkj@sdpress.com.cn
发 行 者：山东科学技术出版社
地址：济南市玉函路16号
邮编：250002　电话：(0531)82098071
印 刷 者：山东金坐标印务有限公司
地址：莱芜市嬴牟西大街28号
邮编：271100　电话：(0634)6276023

开本：850mm×1168mm　1/32
印张：4.75
版次：2016年1月第1版　2016年10月第2次印刷

ISBN 978-7-5331-8078-2
定价：16.00元